U0342590

普通高等教育“十四五”规划教材

安全管理学

主编　姬保静　林晓飞

扫码获得数字资源

北　京
冶　金　工　业　出　版　社
2024

内 容 提 要

本书共分 9 章，主要内容包括：绪论、安全管理理论基础、安全管理职能方法、事故统计及分析、事故调查与处理、事故预防与控制、应急管理、保险、安全管理体系。为了巩固学习内容，每章后均附有习题。

本书可作为大专院校安全科学与工程类专业的教学用书，也可供从事安全管理与安全生产的工程人员、研究人员等学习参考。

图书在版编目(CIP)数据

安全管理学／姬保静，林晓飞主编．—北京：冶金工业出版社，2024．5
普通高等教育“十四五”规划教材
ISBN 978-7-5024-9800-9

Ⅰ．①安…　Ⅱ．①姬…　②林…　Ⅲ．①安全管理学—高等学校—教材
Ⅳ．①X915．2

中国国家版本馆 CIP 数据核字(2024)第 058597 号

安全管理学

出版发行	冶金工业出版社	**电　　话**	(010)64027926
地　　址	北京市东城区嵩祝院北巷 39 号	**邮　　编**	100009
网　　址	www. mip1953. com	**电子信箱**	service@ mip1953. com

责任编辑　郭冬艳　美术编辑　吕欣童　版式设计　郑小利
责任校对　范天娇　责任印制　禹　蕊
三河市双峰印刷装订有限公司印刷
2024 年 5 月第 1 版，2024 年 5 月第 1 次印刷
787mm×1092mm　1/16；11．25 印张；265 千字；162 页
定价 39．00 元

投稿电话　(010)64027932　投稿信箱　tougao@cnmip. com. cn
营销中心电话　(010)64044283
冶金工业出版社天猫旗舰店　yjgycbs. tmall. com
(本书如有印装质量问题，本社营销中心负责退换)

编　委　会

主　编　姬保静　林晓飞

副主编　武泉森　毕大建

参　编　武泉林　李远清　杨洪超　卓金龙

　　　　　褚衍婷　申建军　齐振杰

主　审　文志杰

序

2016 年，我国成为《华盛顿协议》正式会员，国内工程教育专业认证与其他成员国之间实现实质等效，以产出为导向的 OBE 理念成为高校教学改革的重要导向。2017 年，教育部提出“新工科”概念，要求高校课程对照新时期行业、企业发展需要，着力提升工程科技人才的实践能力和创新能力，以应对新一轮科技革命和产业变革。2017 年，教育部印发《高校思想政治工作质量提升工程实施纲要》，推动高校各类课程开展课程思政，落实立德树人的教育目标。面对上述的工程教育专业认证、“新工科”建设和课程思政等要求，高校课程教学需要改进传统教学方式，全面推进改革。

随着信息化技术的快速发展，线上线下混合式教学模式成为高校教学改革的重要途径。线上学生通过慕课、SPOC（small private online course）等课程资源自学相关知识，线下老师通过翻转课堂、项目式教学、任务式教学等教学模式，开展合作式、探究式学习，培养学生的自学能力、实践能力、创新能力，提升学生的综合素养。伴随着新的教学模式的推进，新的问题出现：教材不仅仅是课程内容的载体，还应该是新的教学模式的载体，教材需要扩充、升级。

“安全管理学”作为安全工程专业的核心专业课程之一，具有较强的实践性和应用性，但学生缺乏生产实践经验，生产实践场景又较难模拟，使学生难以深入理解知识并实际运用。很多开设安全工程专业的高校已采用线上线下混合教学模式，以促进培养目标的达成，但缺乏衔接线上资源与线下探究活动的教学材料。编者结合自身的教学经验和工作经验，按照“新工科”建设要求，基于 OBE 理念，秉承以学生发展为中心的思想，模块化构建课程内容，以安全文化、思维导图、线上课程资源、试题及答案、任务活动、虚拟仿真实验、现代管理故事为支撑，编写了本书。本书具有以下特点：

（1）以安全文化养安全之心，以管理案例明安全之理。安全管理是减负性工作，而人们是追求正效应的，这对员工的安全责任、安全意识提出更高要求。本书在编写过程中，在每章内容之始均引经据典，将传统安全文化与现代安全理念相结合；在相关内容中融入关于安全生产的相关政策，将国家安全与个人安全相结合，更好地滋养学习者的安全之心。在安全管理知识和实践任务中，融入安全管理案例，展示事故之害和安全之利，更好地明晰安全之理。

（2）模块化结构与思维导图相结合，厘清知识脉络。本书主体内容分为安全管理理论基础、安全管理职能方法、安全管理手段、安全管理体系四大模块。安全管理理论基础起到理论引导的作用，安全管理手段是安全管理的主要思路，安全管理职能方法可有效提升安全管理，安全管理体系是安全管理手段和方法的有效结合。安全管理职能按管理过程的内在逻辑划分为若干章节，安全管理手段按预防、应急、风险转移的顺序划分章节。各章又绘有思维导图，明确各部分之间的关系。整体布局与部分细化相结合，使知识脉络更清晰。

（3）融合多种教学资源，促进知行合一。教材充分发挥信息技术的优势，为学习者提供了课程微视频、试题及答案解析、实践活动等资源。课程微视频可反复观看，有利于学生课前预习和课后复习；章后试题按知识脉络设置，促进学习者更好地理解和掌握理论知识；各章试题后又设置了实践性任务，提升学习者运用理论知识解决实际问题的能力。本书内容由浅入深、由理论到实践，层层深入，促进学习者知行合一。

（4）配套虚拟仿真教学软件，提升知识的形象性。本书配套了虚拟仿真教学软件，软件以安全管理要求较高但内容相对简单的民爆器材储存企业为背景，运用虚拟仿真技术将生产现场、事故现场构建在虚拟情境中，为学习者提供一个模拟真实情境的学习环境，通过人机交互设备将知识直观地呈现给学习者，可以帮助学习者理解和掌握相关知识。在虚拟化实验教学过程中，学习者可以重复实践操作，无需担心实践过程中误操作而引发安全事故或者使事故后果扩大化，可以有效提升学习的实践性。

本书不仅内容丰富、结构严谨，更将理论与实践、传统文化与现代管理融合，将对我国安全工程专业高质量人才的培养起到非常积极的推动作用，也为安全生产领域工作人员提供宝贵的学习资料。希望各位使用者通过本书，不仅可以更深入地理解安全管理的含义和价值，更能将其理念和方法应用到实际工作和生活中，切实提升安全管理水平，为我国安全工程教育事业的发展贡献一份力量。

Safety Science 副主编

全国安全工程专业教学指导委员会委员

中国矿业大学（北京）教授、博士生导师

中国工程教育安全类专业认证委员会副主任委员

中国职业安全健康协会常务理事及行为安全专业委员会主任委员

2023 年 12 月

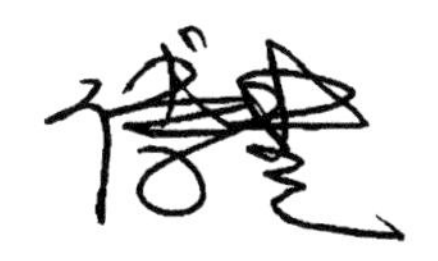

前　言

教育部关于战略性新兴领域“十四五”高等教育教材体系建设的工作部署中特别提到，鼓励合理应用数字技术，探索数字教材等新形态教材建设。当今社会，安全管理日益受到重视，已成为工程教育的重要组成部分。随着中国教育改革的不断深化，特别是新工科建设的推进、工程教育专业认证的推广，对人才的实践能力、创新能力、协作能力都提出了更高的要求，对“安全管理学”教材也提出了更高的要求。在此背景下，我们编写了本书，以适应新形势下的教学需求。

本书将课程内容分为安全管理理论基础、安全管理职能方法、安全管理手段、安全管理体系四大模块，绘制了各章的思维导图，使整本书的知识脉络清晰可见，方便读者按需学习和复习。同时，本书融合了多种教学资源，促进知行合一。无论是课程微视频，还是案例分析和实践活动，都为读者提供了宝贵的学习资源。

本书共9章，其中第1～2章由姬保静编写，第3章由李远清、杨洪超编写，第4章由武泉森编写，第5～7章由林晓飞编写，第8章由毕大建编写，第9章由申建军、齐振杰共同编写。微课视频由姬保静、武泉林、武泉森、褚衍婷录制，虚拟仿真教学软件的相关程序由姬保静、武泉林、武泉森、卓金龙设计。全书由姬保静统稿，贵州大学文志杰教授担任主审。

本书内容涉及的有关研究得到了长三角区域安全工程专业教育部虚拟教研室开放课题（CSTAQKN-2309）的资助。此外，感谢同兴环保科技股份有限公司姚曙光、詹红星，济宁能源发展集团有限公司李远清，山东天元信息技术集团有限公司杨洪超，欧倍尔软件技术开发有限公司王广聪等同志在编书过程中给予的大力支持和帮助。本书在编写过程中参阅了相关文献与资料，在此对文献作者一并表示感谢！

受编写水平所限，书中不妥之处，恳请广大读者批评指正！

编　者

2023年12月

目　　录

1 绪　论

古语云：“不谋全局者，不足以谋一域；不谋万世者，不足以谋一时。”强调了从全局出发把握事情的重要性。古语又云：“知其然，知其所以然。”也就是学习、做事既要知道事物是怎样的，还要知道它为什么是这样的。为此，学习任何一门课程，我们既要能从全局角度出发把握课程的知识脉络，还要明白课程的知识结构为什么是这样，厘清各部分知识之间的逻辑关系。本书开篇，依次阐述安全、管理、安全管理的内涵，从而揭示本书中安全管理学的知识结构，便于大家构建知识网络。

【学习目标】

1. 了解学习安全管理学的原因和现实意义。
2. 理解安全、危险、隐患、管理、安全管理等相关概念。
3. 掌握安全管理学的知识结构体系。
4. 了解安全管理的产生和发展，树立良好的家国情怀。

【思维导图】

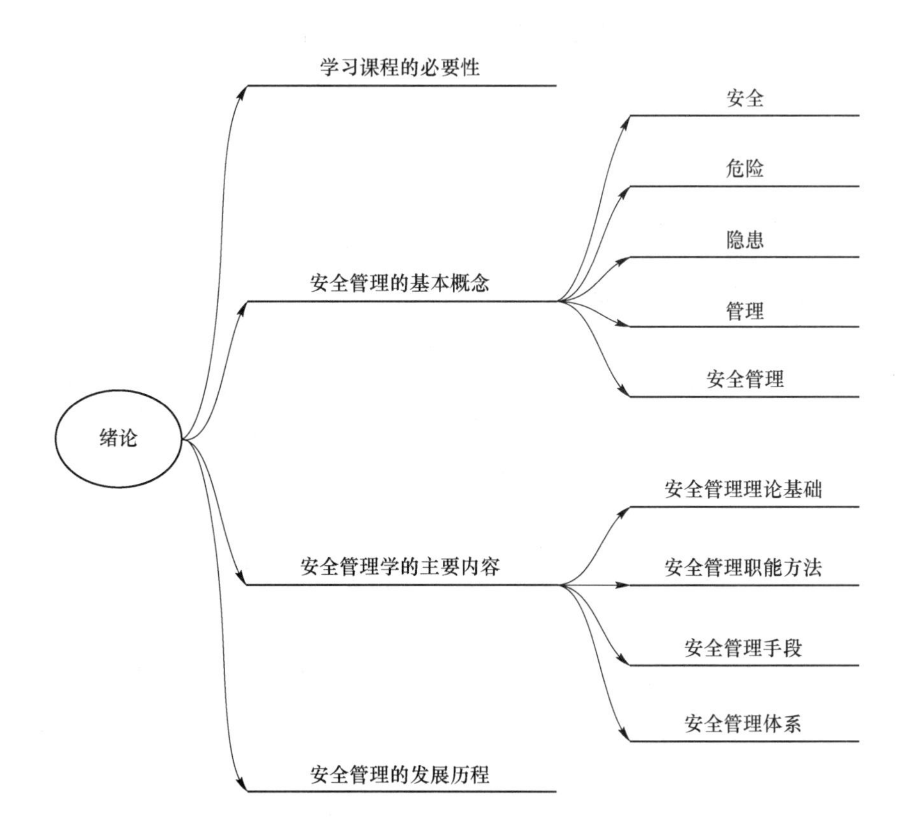

1.1　学习安全管理学的必要性

视频资源：
1.1　学习安全管理学的必要性

2021版《安全生产法》指出：安全生产工作应当以人为本，坚持人民至上、生命至上，把保护人民生命安全摆在首位，树牢安全发展理念，坚持安全第一、预防为主、综合治理的方针，从源头上防范化解重大安全风险。当前我国安全生产的形势如何，我们怎样办好安全这件大事？

图1-1为2000～2021年全国生产安全事故趋势图，横轴为时间轴，纵轴为统计指标轴。从图形的变化趋势可以看出：2002年以后我国安全生产事故起数、死亡人数持续下降，2021年安全生产事故起数、死亡人数已大幅下降，安全生产形势持续向好。

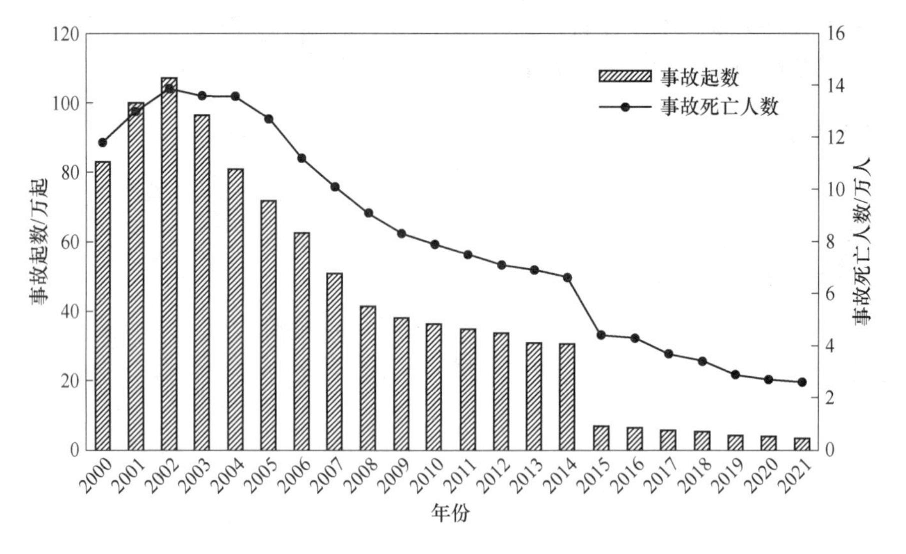

图1-1　安全生产事故趋势图

但我们要清醒地认识到，安全生产形势依旧严峻。2021年全国共发生安全生产事故3万余起，造成2.6万人死亡。即，每天约发生生产安全事故90起，造成70多人死亡。这也就代表着，每天约有70多个家庭失去他们的亲人，失去幸福。

同时，重特大事故时有发生，单起事故后果十分严重。2019年2月23日，内蒙古银漫矿业发生重大井下车辆伤害事故，造成22人死亡，28人受伤。2019年3月21日，江苏响水发生特别重大爆炸事故，造成78人死亡，76人重伤。2020年3月7日，福建泉州欣佳酒店发生重大坍塌事故，造成29人死亡，42人受伤。2020年6月13日，深海高速液化石油气（运输槽罐车）发生重大爆炸事故，造成20人死亡，175人受伤。2021年1月10日，山东栖霞市金矿发生重大爆炸事故，造成10人死亡，1人失踪。2021年6月13日，湖北十堰市燃气发生重大爆炸事故，造成25人死亡，138人受伤。

> 人命关天，发展决不能以牺牲人的生命为代价。这必须作为一条不可逾越的红线。
> ——2013年6月习近平就做好安全生产工作作出重要指示指出

在当前形势下，如何办好安全这件大事呢？研究表明：绝大多数事故的发生都是管理者疏忽、失误或管理系统存在缺陷所造成的。加强安全管理可以有效预防和控制事故的发生。

科学合理的安全管理作用到底有多大？我们举两个例子。你相信化工企业比家还要安全吗？杜邦公司作为全球第二大化工企业，高度重视安全管理，杜邦员工在工作场所比在家安全10倍。超过50%的工厂实现了“0”伤害率。也就是说，安全管理可以有效预防事故的发生。

你相信事故发生后，安全管理得当，可以大大降低事故损失吗？2018年5月14日，四川航空公司3U8633航班在成都区域巡航阶段，驾驶舱右座前挡风玻璃破裂脱落。民航各保障单位密切配合，机组正确处置，飞机安全备降成都双流机场，所有乘客平安落地。后来该事件被改编为电影《中国机长》。这样的事故案例还有很多，充分展示了安全管理在控制事故发展方面的有效性。

总体上说：我国生产安全形势依旧严峻，严重影响着人们的生命和财产安全。安全管理可以有效预防和控制事故的发生。为保障企业和人们的安全，我们有必要学习安全管理学。

1.2 安全管理的基本概念

视频资源：1.2 安全管理的基本概念

1.2.1 安全与危险

大家思考一个问题：“你安全吗？”很多人毫不犹豫地回答“不安全。”并能轻而易举地罗列出很多危险因素：电、火、汽车、燃气、网络等。仔细分析你会发现：危险是事故发生的必要条件。即，危险的存在可能会导致事故的发生，事故的发生一定存在危险。而我们的生产生活离不开电、火等，也就是说我们不可能完全消除危险。那么问题来了，危险是无处不在的，安全是什么呢？

随着人们对安全问题研究的深入，安全被定义为：安全是指客观事物的危险程度能够为人们普遍接受的状态。即安全是相对的，不是没有危险，而是危险降到了一定的程度。比如骑自行车的人不戴头盔，并非骑自行车没有头部受伤的危险，而是人们普遍接受了该危险发生并造成严重后果的可能。

为深入理解安全的含义，我们需要思考两个问题：一是客观事物的危险程度如何量化？二是多大的危险程度是人们普遍接受的？

客观事物的危险程度一般用风险度来衡量。风险度通过危险导致事故发生的可能性与事故后果的严重性两个变量来描述。事故发生的可能性可以用事故的频率来代替，即用一定时间或生产周期内事故发生的次数来表示。事故后果的严重性可以用发生一起事故造成的损失数值来表示。如果事故仅造成财物损失，则可以通过损失的金额来代表；如果事故造成了伤亡，事故的严重度可以由人员的死亡或负伤的损失工作日来表示。风险度的数学表达如式（1-1）所示。

$$风险度=\frac{事故次数}{单位时间}\times\frac{损失数值}{事故次数}=\frac{损失数值}{单位时间} \tag{1-1}$$

由式（1-1）可知，风险度是以单位时间的损失数值来表示的。这也就实现了危险程度的数字化的度量。多大的危险程度是人们普遍接受的？由于同一时期的你、我、他心理承受能力是不同的，能接受的危险度也就不同。同一个人在人生的不同阶段，其接受危险的程度也不同。为此，人们普遍接受的危险程度一般由各类与安全相关的法律法规、标准规范来确定，比如国际上推行的职业安全健康管理体系、我国政府相关部门、行业颁布的各种安全法律法规、标准规范等。

理解了安全的概念，我们再深入理解危险的概念。根据系统安全工程的观点，危险是指系统中存在导致发生不期望后果的可能性超过了人们的承受程度。危险的这个概念跟安全的概念是一脉相承的，即超过了就是危险状态，在范围内就是安全。大家评判一下自己现在是否安全吧。你身边的人、机、物、环境符合相关的安全标准规范吗？如果符合，说明你目前相对安全；如果不符合，说明你面临危险。

如果你所在的企业处在安全状态，是不是代表企业在安全方面可以高枕无忧了呢？答案是否定的。古希腊哲学家赫拉克利特曾经说过："人不能两次踏进同一条河流。"宇宙的万事万物都在不停地运动和变化，企业的状态也不例外。设备不断老化，人员行为变动，企业引进新设备、新工艺、新材料，招聘新员工，都可能使系统危险程度发生变化，使安全系统变为危险系统。同时随着社会的发展，人们生活水平的提高，人们普遍接受的危险程度也会变化，安全系统可能变为危险系统。比如，2021 年修订安全生产法，部分行业提高生产标准，部分企业危险程度不再被接受，企业被关停。为此，当前处于安全状态的你也不能大意，要对安全工作常怀敬畏之心，常抓常改，从而避免事故的发生。

理解了上述安全的定义，大家接着思考这样一个问题：法律法规标准相对科学技术的发展而言具有滞后性，我们也很难对每个事物的危险程度进行统计分析，有没有别的方法来判定是否安全呢？美国军用标准 MIL-STD-882E《系统安全标准实践》给出了安全的另外一个定义。安全是指没有引起死亡、伤害、职业病或财产的损失、设备的损坏或环境危害的条件。需要说明的是，这个定义经过了一个持续发展的过程。开始安全的定义仅仅关注人身伤害，后来扩展到职业病，财产的损失、设备的损坏，环境危害。这也说明发展不能以牺牲人的健康和环境为代价。

1.2.2 隐患

理解了安全的含义，你是否有这样的疑问："危险是绝对的，不能被完全消除的，我们如何避免引起死亡、伤害、职业病或财产的损失、设备的损坏或环境危害的事件发生，实现安全呢？"

在长期与危险作斗争的过程中，人们发现虽然危险不能完全根除，但有一部分可以消除，这就是隐患。隐患是那种应该整改且我们能够整改却没有及时整改的危险。比如员工的违章作业、设备故障、企业规章制度不完善等。《安全生产事故隐患排查治理暂行规定》（原国家安全生产监督管理总局令第 16 号）指出，安全生产事故隐患（以下简称隐患），是指生产经营单位违反安全生产法律、法规规章、标准、规程和安全生产管理制度的规定，或者因其他因素在生产经营活动中存在可能导致事故发生的物的危险状态、人的不安全行为和管理上的缺陷。为此，安全生产中要经常开展隐患排查活动，发现并及时消除隐患。

事故隐患分为一般事故隐患和重大事故隐患。一般事故隐患是指危害和整改难度较小，发现后能够立即整改排除的隐患。重大事故隐患是指危害和整改难度较大，应当全部或局部停产停业，并经过一定时间整改治理方能排除的隐患，或者因外部因素影响致使生产经营单位自身难以排除的隐患。

由于生产生活的需要以及技术的不可实现性等原因，很多危险不能消除。我们则采取措施将其控制起来，降低事故发生的可能性和严重性；特别是对于重大危险源，重点监督，严格管理，预防事故的发生。可以说预防事故是实现安全最好的方式。

受技术水平、经济条件等多方面的限制，事故很难被完全预防。因此，需要应急措施控制事故的发展，即通过抢救、疏散、抑制等手段，在事故发生后控制事故的蔓延，把事故的损失减少到最小。

尽管我们采取了应急措施，也不能保证所有的损失我们都能够承受。对于一个企业而言，一个重大事故在经济上的打击也是相当沉重的，有时甚至是致命的。因而在实施事故预防和应急措施的基础上，通过付出一定代价，将损失风险适当转移，让第三方为我们承担其中一部分，也是安全工作不可或缺的一环。风险转移的手段可简单分为财务型和非财务型两大类。前者又可分为保险和非保险两种形式。无论选择何种手段，本质上都没有降低企业的风险，只是将企业的风险转移到了第三方，但这对于企业经营者来说同样重要。

总结起来，实现安全的方法主要有三大类：事故预防、应急措施与风险转移（见图1-2）。以交通行业为例，为保证交通安全，运用红绿灯在时间上将人流、车流分开，预防事故发生；运用安全带、安全气囊减少交通事故中的伤害；运用车险转移事故损失。

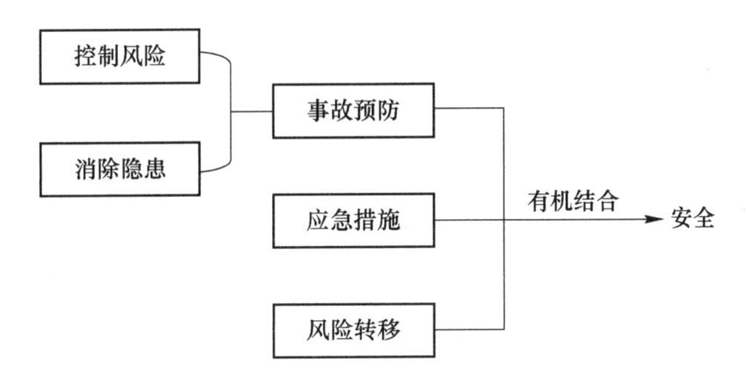

图1-2　实现安全的三种方法

在实际生产过程中，事故预防、应急措施与风险转移三种方法的使用需要具体问题具体分析，如果三者关系不合理就可能收效甚微。但对能收效显著的应急措施的投入明显不足，使得救援手段改进较小；风险转移方面，可参与保险赔付的损失仅占总损失的0.2%左右，这使得我们在汶川地震中损失惨重。如何使事故预防、应急措施与风险转移三种方法有机结合呢？这离不开科学合理的管理。

1.2.3　管理和安全管理

管理的思想自古有之，古长城的修建、埃及金字塔的建造都蕴含了丰富的管理思想。但这些思想并未形成系统的管理理论。20世纪初，管理理论开始形成，发展至今大致经历科学管理、行为科学、现代管理三个阶段。先后出现许多管理学派，都对管理的概念做了一些解释。

科学管理学派的泰罗、法约尔等认为，管理就是计划、组织、指挥、协调和控制等职能活动。比如企业要举办一场活动。需要制订活动计划，明确活动时间、地点、规则等。需要建立组织结构，明确负责人、主持人、后勤等人员构成，明确人员职责，保证各司其职。还需要协调活动各方之间的关系，控制计划以外的事情发生。这个过程开展的计划、组织、指挥、协调、控制等职能活动都属于管理。

行为科学学派的梅奥等认为，管理就是做人的工作。它是以研究人的心理、生理、社会环境影响为中心，激励职工的行为动机，调动人的积极性。

现代管理学派的西蒙等认为，管理的重点就是决策，决策贯穿管理的全过程。你计划、组织也好，做人的工作也罢，都不止一种方法，都需要我们决策，确定一种方案。

管理的概念还有很多，都有其科学性和合理性。需要说明的是，决策、用人、指导、沟通、激励等众多管理职能，当今已经重新概括为：计划、组织、领导和控制（见表 1-1）。

表 1-1　管理职能

管理职能	古典的提法	当今的提法
决策		计划
计划	√	
组织	√	组织
用人		
指导		领导
指挥	√	
领导		
协调	√	
沟通		
激励		
代表		
监督		
检查		控制
控制	√	
创新		

目前，管理学者比较一致地认为，管理就是为实现预定目标而组织和使用人力、物力、财力等各种物质资源的过程。管理过程中需要运用计划、组织、领导、控制等职能活动。

利用管理的计划、组织、领导、控制等职能活动，将事故预防、应急措施与风险转移三种手段有机地结合在一起，以达到保障安全的目的，就是安全管理。相关研究表明：科学合理的安全管理可以有效预防和控制事故的发生。

1.3　安全管理学的主要内容

视频资源：
1.3　安全管理学的主要内容

如何使安全管理活动科学合理呢？安全管理学作为一门新兴学科应运而生。安全管理学运用现代管理科学的理论、原理和方法，探讨并揭示安全管理活动的规律，研究推行安全管理的科学方法，使事故预防、应急措施与风险转移有机结合，以达到防止生产事故，提高管理效益，实现安全生产的目的。

安全管理学是安全学和管理学的交叉学科。安全管理遵循管理和安全的普遍规律，服从管理和安全的基本原理。安全管理学基本原理是对管理学基本原理的继承和发展，是进行安全管理应当遵循的基本原则。理解并掌握安全管理基本原理是学习安全管理学的首要环节。因此，学习安全管理学首先应学习安全学理论基础、管理学理论基础、安全管理学基本原理，统称为安全管理理论基础。

1.2 小节我们学习了安全管理的两个概念。其中一个概念指出：安全管理是为实现安全生产的目的组织和使用人力、物力和财力等各种物质资源的过程。安全管理过程需要用到安全计划管理、安全组织管理、安全领导管理、安全控制管理等方法，我们称之为安全管理职能方法。需要说明的是，安全管理的职能方法除了以上四种还包括安全行为管理、安全决策管理等职能方法。

安全管理的第二个概念是指：安全管理，其本质上就是利用管理的活动，将事故预防、应急措施与风险转移三种手段有机结合在一起，以达到保障安全的目的。事故预防、应急措施、风险转移是人类发展历史中主要采取的三类安全手段。就像射箭要对准目标一样，要预防和控制事故的发生，首先应该找到导致事故的原因。已发生的事故为我们指明方向。事故调查与处理帮助我们在事故发生后找到事故的根本原因。事故统计及分析是从一系列事故中，发现事故发生的规律。事故预防与控制告诉我们具体的预防与控制思路和措施。但受技术水平、经济条件等各方限制，要想通过事故预防让事故都不发生是不可能的。我们可以通过应急措施，即通过抢救、疏散、抑制等手段，控制事故蔓延，减少事故损失。尽管我们采取了应急措施，也不能保证所有的损失我们都能够承受。可以将风险适当转移，让第三方承担。比如购买保险。

企业想做好安全管理工作，仅用一种安全管理职能方法或安全措施手段是不行的，需要统筹协调多种安全管理方法，从而形成了一系列安全管理体系。比如，职业安全健康管理体系、安全生产标准化、风险预控管理体系等。其中职业安全健康管理体系是 20 世纪 80 年代后期在国际上兴起的一种现代安全管理模式。安全生产标准化是我国着力发展和推广的一种安全管理模式。

为此，安全管理学总体包括 4 个模块：安全管理理论基础、安全管理职能方法、安全管理手段、安全管理体系。其中，安全管理理论基础包括：安全学理论基础、管理学理论基础、安全管理学基本原理；安全管理职能方法包括：安全计划管理、安全组织管理、安全领导管理、安全控制管理等方法；安全管理手段包括：事故预防、应急措施、风险转移。事故预防又包括：事故统计及分析、事故调查与处理、事故预防与控制。安全管理体系包括：职业安全健康管理体系、安全生产标准化等。安全管理学主要内容如图 1-3 所示。

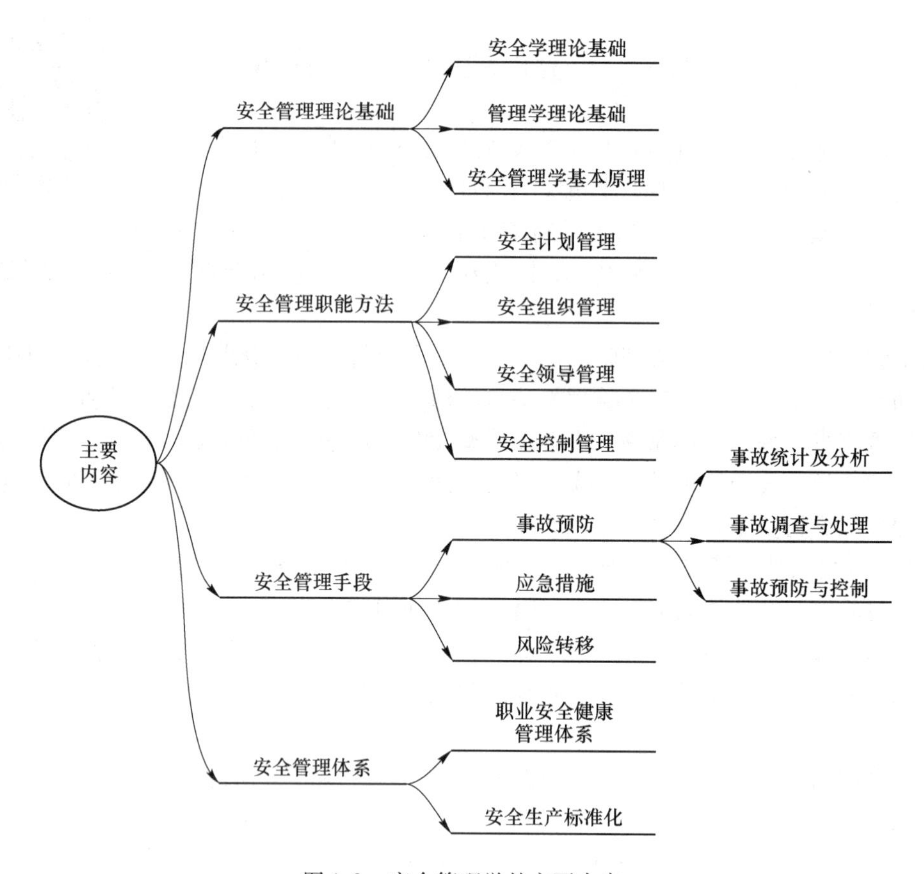

图 1-3　安全管理学的主要内容

视频资源：
1.4　安全管理的发展历程

1.4　安全管理的发展历程

1.4.1　古代安全管理的发展

安全问题自古有之，我国古代在生产中就积累了一些安全防护的经验。早在先秦时期，《周易》一书中就有"水火相忌""水在火上，既济"的记载，说明了用水灭火的道理。自秦人开始兴修水利以来，几乎历朝历代都设有专门管理水利的机构。到北宋时期，消防组织已相当严密。据《东京梦华录》一书记载，当时的首都汴京消防组织相当完善，消防管理机构不仅有地方政府，而且由军队担负值勤任务。明代科学家宋应星所著《天工开物》中也记述了采煤时用竹节插入炭中排出瓦斯的方法。

1.4.2　现代安全管理的发展

（1）国外现代安全管理的发展。有组织的安全管理是伴随着社会化大生产的发展而逐渐发展起来的。18 世纪中叶第一次工业革命产生，它开创了以机器代替手工劳动的时代。机器大规模的使用极大地提高了劳动生产率，也大大增加了伤害的可能。卓别林的电影《摩登时代》深刻展现了大机器工业时代的场景，卓别林饰演的底层市民在一个机器隆隆的厂房里夜以继日，重复繁重的工作压得他喘不过气，他把人们的鼻子当成螺丝钉来拧，卷入流水线机器的皮带里。这时资本家出于自身的利益，被迫改善劳动条件。比如在机器上安装防护装置，发明矿坑安全灯。英国1802年制定了最早的具有现代法律意义的安全保障法律《保护学徒的身心健康法》，1833年颁布了世界上第一部《工厂法》。19世纪中叶以后，美国、法国、日本等国也加入工厂立法的行列。

20世纪初，随着现代工业的兴起及发展，重大生产事故和环境污染相继发生，造成大量的人员伤亡和巨大的财产损失，人们不得不在一些企业设置专职安全人员，对工人进行教育。20世纪30年代，很多国家设立了生产安全管理的政府机构，发布了劳动卫生的法律法规，现代安全管理初具雏形。20世纪50年代，以系统安全理论为核心的现代安全管理方法、模式、思想、理论基本形成。

认真观察你会发现，从18世纪中叶到20世纪50年代，长达200年的安全管理发展长河中，没有看到中国的身影。这与我国当时的经济社会形势分不开。1840年鸦片战争以后，中国逐步沦为半殖民地半封建社会，社会动荡不安。1949年新中国的成立，为中国人民摆脱贫穷面貌、实现国家富强、人民富裕创造了前提。

（2）国内现代安全管理的发展。新中国成立后，现代安全管理理念、方法、模式进入国内，但安全管理的发展也是历经波折，大致经历了四个阶段：1949～1957年是建立和发展阶段、1958～1977年是停顿和倒退阶段、1978～1992年是恢复和提高阶段、1993年至今是高速发展阶段。在20世纪末，我国几乎与世界上其他工业化国家同步，研究并推行了职业安全健康管理体系。进入21世纪以来，我国提出了系统化企业安全生产风险管理的理论雏形。为什么新中国成立后，我国安全管理的发展也是如此曲折呢？对照安全管理的发展时间轴和中国的经济社会发展时间轴，我们不难发现两者具有很高的吻合度。当我国经济社会稳定时，安全管理平稳发展；当经济社会快速发展时，安全管理水平快速提升；当社会动荡时，安全管理的发展也受到影响。可以看出，“安全生产与国家经济社会发展紧密相连”。没有国家的安全和发展，就谈不上企业和个人的安全。

党的二十大报告指出，我们要坚持以人民安全为宗旨、以政治安全为根本、以经济安全为基础、以军事科技文化社会安全为保障、以促进国际安全为依托，统筹外部安全和内部安全、国土安全和国民安全、传统安全和非传统安全、自身安全和共同安全，统筹维护和塑造国家安全，夯实国家安全和社会稳定基层基础，完善参与全球安全治理机制，建设更高水平的平安中国，以新安全格局保障新发展格局。这进一步印证了：家庭、个人的前途命运同国家民族的前途命运紧密相连。

习　　题

PDF资源：
第1章习题答案

一、单选题

1. 试指出下列说法中，哪一种不正确（　　）。
   A. 安全是相对的概念

B. 安全是人类社会活动永恒的主题

C. 安全是相对的概念，危险是绝对的概念

D. 安全和危险均是相对的概念

2. 根据系统安全工程的观点，危险是指系统中存在导致发生不期望后果的可能性超过了人们的（ ）。

A. 承受程度 B. 认知能力

C. 实践水平 D. 预计范围

3. 风险度表示发生事故的危险程度，是由（ ）决定的。

A. 发生事故的可能性与本质安全性

B. 发生事故的可能性与事故后果的严重性

C. 危险源的性质与发生事故的严重性

D. 危险源的数量和特征

4. 安全生产事故隐患是指生产经营单位违反安全生产法律、法规规章、标准、规程和安全生产管理制度的规定，或者因其他因素在生产经营活动中存在可能导致事故发生的物的危险状态、人的不安全行为和管理上的缺陷。根据相关规定，按照事故整改的难易程度，安全生产事故隐患可以分为（ ）。

A. 一般事故隐患和较大事故隐患

B. 较大事故隐患和重大事故隐患

C. 重大事故隐患和特别重大事故隐患

D. 一般事故隐患和重大事故隐患

5. 从管理活动发生的时间顺序看，下列四种管理职能的排列方式，哪一种更符合逻辑？（ ）

A. 计划、控制、组织、领导 B. 计划、领导、组织、控制

C. 计划、组织、控制、领导 D. 计划、组织、领导、控制

二、简答题

1. 说明安全、危险、隐患之间的关系。
2. 简述安全管理的定义。
3. 找两句含有管理思想的古语，并说明其中的管理思想。
4. 绘制安全管理学知识结构图。

实践活动

活动名称	校园隐患随手拍
活动目的	通过摄影作品，查找校园消防、实验室、交通、施工、食堂、用电用气用水等部位、设备设施的安全隐患，并提出合理化建议，进而维护校园安全
活动要求	1. 拍摄设备不限，专业单反相机、手机等均可。 2. 角度准确，画面清晰，JPG/GIF 等标准图片格式、大小适当、清晰无拖影、彩色黑白均可、组照不超过 4 幅；在不违背事实的情况下，可采取合成图片等方式修改制作。 3. 作品需配备名称和说明，电子照片名称格式为：序号 + 作者姓名 + 照片名称 + 50 字以内文字说明。 4. 在照片的文字说明中，注明安全隐患出现的具体时间、地点、相关情况等信息，对隐患问题提出合理整改建议

续表

<table>
<tr><td>评价标准</td><td>

表1-2 “校园隐患随手拍”活动作品评分标准

<table>
<tr><th>项目</th><th>评分标准</th><th>得分</th></tr>
<tr><td rowspan="3">隐患是否明显（25分）</td><td>1. 隐患明显，使人一目了然（25分）</td><td></td></tr>
<tr><td>2. 隐患较为明显（10～25分）</td><td></td></tr>
<tr><td>3. 隐患不明显（1～9分）</td><td></td></tr>
<tr><td rowspan="3">信息价值大小（25分）</td><td>1. 对校园安全可能造成恶劣影响的（25分）</td><td></td></tr>
<tr><td>2. 对校园安全可能造成较大影响的（10～24分）</td><td></td></tr>
<tr><td>3. 对校园安全可能造成一定影响的（1～9分）</td><td></td></tr>
<tr><td rowspan="3">照片清晰度（20分）</td><td>1. 对焦十分清晰，曝光正确，细节明了（20分）</td><td></td></tr>
<tr><td>2. 对焦比较清晰，曝光良好，细节处理相对模糊（10～19分）</td><td></td></tr>
<tr><td>3. 对焦效果较差，曝光不准（1～9分）</td><td></td></tr>
<tr><td rowspan="4">文字描述（30分）</td><td>1. 所添加文字具有一定文采，准确反映隐患信息及整改建议（30分）</td><td></td></tr>
<tr><td>2. 文字朴实，内容与照片相符，反映隐患信息及整改建议（15～29分）</td><td></td></tr>
<tr><td>3. 文字与照片关联较弱（1～14分）</td><td></td></tr>
<tr><td>4. 没有文字描写（0分）</td><td></td></tr>
</table>

</td></tr>
</table>

2 安全管理理论基础

唐·马冯《意林·唐子》中指出：舟循川则游速，人顺路则不迷。即凡事都有其内在的客观规律，我们遵循规律做事，否则将会走很多弯路。安全管理学是安全学和管理学的交叉学科，既遵循安全学、管理学的一般规律，又有其独特性的原理。这一章我们一起探寻安全学、管理学、安全管理学的一些基础理论，为解决实际问题打下基础。

【学习目标】

1. 理解并能够复述事故的概念和特征。
2. 理解并能够表述事故因果连锁理论、能量意外转移理论、基于人体信息处理的人失误事故模型、动态变化理论、轨迹交叉论的原理和其对安全工作的启示。
3. 能够运用事故致因理论分析事故原因，制定预防事故的对策。
4. 理解管理学的相关理论。
5. 理解安全管理学的基本原理，并能结合实际应用进行分析。
6. 树立科学的安全管理理念和意识。

【思维导图】

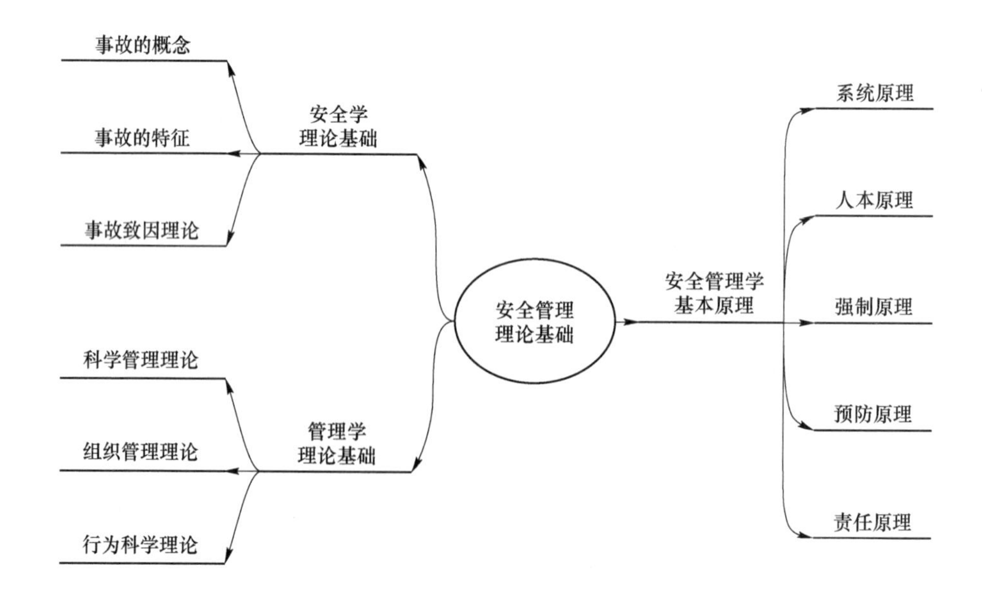

2.1　事故的基本概念

视频资源：
2.1　事故的
基本概念

2.1.1　事故的概念

目前事故的定义很多，从不同的角度有不同的理解。下面我们从几个具体情形入手，挖掘事故的含义，全方位地认识安全科学中的事故的概念。

(1) 没有造成伤害的事件是事故吗?

图 2-1 展示了同一操作行为的不同结果。图 2-1(a)中一名工人在高空作业，操作失误，一块砖头落下，正好落在另一名工人的肩头，造成工人受伤。图 2-1(b)中同样是一名工人高空作业，操作失误，一块砖头落下。比较庆幸的是工人与砖头擦肩而过。图 2-1(a)的情形显然是事故，图 2-1(b)的情况是事故吗?

(a)

(b)

图 2-1　同一操作行为的不同结果
(a) 造成伤害；(b) 未造成伤害

图 2-1(b)之所以没有造成伤害，纯属偶然，它有造成伤害的可能，它是事故。也就是说，无论某个事件的结果有没有伤亡或财产损失，只要有可能造成损失就是事故。

(2) 造成伤害或财产损失的一定是事故吗?

在所有汽车事故当中，与碰撞有关的事故占 90% 以上。为了提高汽车的被动安全性，汽车上市之前将开展碰撞测试。图 2-2 为汽车碰撞测试后的损坏情况。

图 2-2　汽车碰撞测试后的损坏情况

汽车的碰撞测试是事故吗？显然不是。为此，预谋的不是事故，事故是非预谋的。

(3) 事故是一个事件吗？

有时候一个事件的发生是事故，有些时候一系列事件的发生导致事故。比如工人违规带打火机到企业，后在危险品储存仓库附近吸烟，并乱丢烟头，最终导致了爆炸事故的发生。

基于以上分析，我国安全界认为："事故是指在生产活动过程中发生的一个或一系列非计划的（即意外的），可导致人员伤亡、设备损坏、财产损失以及环境危害的事件。"

如果以人为中心来考察事故后果，事故可以分为伤亡事故和一般事故两种。伤亡事故是个人或集体在行动过程中，接触了与周围条件有关的外来能量，致使人体生理机能部分或全部损失的现象，如图 2-1(a)所示。一般事故也称无伤害事故，是指人身没有受到伤害或只受微伤，停工短暂或与人的生理机能障碍无关的未遂事故，如图 2-1(b)所示。

美国的海因里希在 20 世纪 30 年代研究了事故发生频率与事故后果严重程度之间的关系。海因里希统计了 55 万件机械事故，其中死亡、重伤事故 1666 件，轻伤 48334 件，其余则为无伤害事故。得出一个重要结论，即在机械事故中，死亡和重伤、轻伤、无伤害事故的比例为 1∶29∶300，国际上把这一法则叫海因里希法则，如图 2-3 所示。这个法则说明，在机械生产过程中，每发生 330 起意外事件，就有 300 起未产生人员伤害，29 起造成人员轻伤，1 起导致人员重伤或死亡。

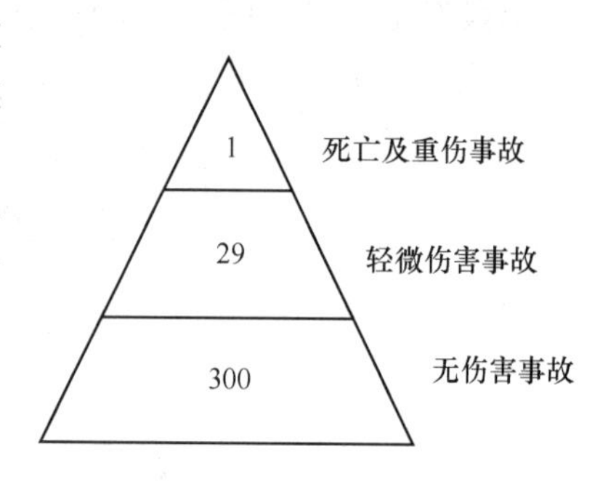

图 2-3 海因里希法则

对于不同的生产过程，不同类型的事故，上述比例关系不一定完全相同。比如，日本学者青岛贤司的调查表明，日本重型机械和材料工业的重轻伤之比为 1∶8，而轻工业则为 1∶32。但事故规律基本一致：在进行同一项活动中，无数次意外事件，必然导致重大伤亡事故的发生。而要防止重大事故的发生必须减少和消除无伤害事故，要重视事故的苗头和未遂事故，否则终会酿成大祸。

2.1.2 事故的特征

我们研究事故的根本目的是找到事故发生的本质原因与发展规律进而控制事故，因此我们必须透过现象看本质，在各类事故中找到事故共有的本质性东西，而这类本质性的东西就是事故的特性。

事故的特性主要包括六个：偶然性、必然性、突变性、潜伏性、因果相关性、可预防性。我们两个为一组，结合相关案例理解。

(1) 偶然性和必然性。事故具有偶然性，一是事故发生的时间、地点、形式和规模具有偶然性；二是事故后果的严重程度具有偶然性。比如，有很多人违章作业，有的人发生了事故，造成了伤害，有的人却没有；有的人违章作业多次，每次违章的结果可能不同。正是由于事故的偶然性，很多人才有侥幸心理，违规、违章作业。但事故有偶然性，也有必然性。危险是客观存在的，如果一直违章作业，事故早晚会发生。为此，我们应该避免侥幸心理，及时采取措施，预防和控制事故。事故的这两个特征可以用一句话概括：

偶必必偶两相含，预防事故记心间。

（2）突变性和潜伏性。事故具有突变性，系统由安全状态转化为事故状态实际上是一种突变现象。比如高压锅爆炸，瞬间发生。那是不是代表着，我们没有采取措施的时间呢？不是的。高压锅爆炸前，内部压力是逐渐增加的。大多数事故发生之前都存在一个量变过程，即事故具有潜伏性。利用好事故的潜伏期，采取合理措施检测或控制事故相关参数，及时发现问题，消除问题，可以有效预防事故。这两个特征也可以用一句话概括：突变之前危潜伏，提前预警抢时间。

（3）因果相关性和可预防性。无论何种事故，其原因和结果之间一定存在某种我们已知或者未知的联系。火灾的发生必须具备可燃物、引火源、助燃物三要素。我们完全可以控制其中一个要素使事故不发生。比如煤矿企业采取防止点火源出现，防止瓦斯积聚等方式，预防瓦斯爆炸事故。如果我们掌握了事故的因果关系，事故是可以预防的。事故具有可预防性。用一句话总结：事故有因可预防，找因控因是关键。

2.2 事故致因理论

视频资源：2.2 事故致因理论

从事故的定义和特征可知，事故是违背人的意志而发生的意外事件，而且事故具有明显的因果相关性。因而要想找出事故的根本原因，进而预防和控制事故，就必须在千变万化、各种各样的事故中发现共性的东西，抽象出来。描述事故、事故与其原因间、原因与原因间关系的理论，被称为事故致因理论。事故致因理论的图示化表示就是事故致因模型。

事故致因理论是生产力发展到一定水平的产物。在生产力发展的不同阶段，生产过程中存在的安全问题有所不同，事故致因理论也不断发展完善。1919 年发展至今的事故致因理论高达几十种，这里重点讲解其中几种理论。

2.2.1 事故倾向性理论

2.2.1.1 基本原理

1919 年，英国的格林伍德（M. Greenwood）和伍兹（H. Wood）对许多工厂里的伤亡事故发生的次数和有关数据，按不同的统计分布（泊松分布、偏倚分布和非均等分布）进行统计检验，发现工人中的某些人较其他工人更容易发生事故。后经 1926 年纽伯尔德（New bold）以及 1939 年法默（Farmer）等研究，逐渐演化成事故倾向性理论（accident proneness theory）。所谓事故频发倾向，是指个别容易发生事故的稳定个人的内在倾向。根据这一理论，少数工人具有事故频发倾向，是事故频发的主要原因。

2.2.1.2 工作启示

减少事故的手段主要体现在两个方面：一方面通过严格的生理、心理检验等，从众多的求职人员中选择身体、智力、性格特征及动作特征等方面优秀的人才就业；另一方面一旦出现事故频发倾向者则将其解雇。

这一理论最大的弱点是过分强调个性特征在事故中的影响，把工业事故的原因归因于少数事故倾向者。

2.2.2 事故因果连锁理论

事故因果连锁理论的基本观点是：事故是由一连串因素以因果关系依次发生的结果（见图2-4）。在事故因果连锁理论中，以事故为中心，事故的结果是伤害（伤亡事故的场合），事故的原因包括三个层次：直接原因、间接原因、基本原因。由于对事故的各层次的原因的认识不同，形成了不同的事故致因理论。其代表性理论主要有：海因里希事故因果连锁理论、博德事故因果连锁理论、亚当斯事故因果连锁理论和北川彻三事故因果连锁理论。

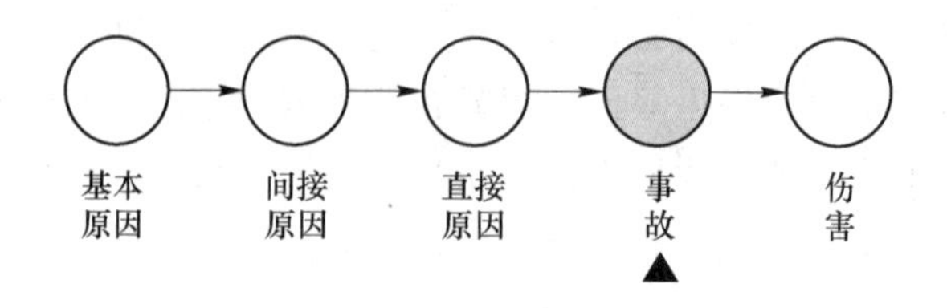

图2-4 事故因果连锁理论

2.2.2.1 海因里希事故因果连锁理论

A 基本理论

海因里希最早提出了事故因果连锁理论。该理论的核心思想是：伤亡事故的发生不是一个孤立的事件，而是一系列原因事件相继发生的结果，即伤害与各原因相互之间具有连锁关系。

海因里希最初提出的事故因果连锁过程包括以下五种因素的影响：

（1）遗传及社会环境（M）。遗传及社会环境是造成人的缺点的原因。遗传因素可能使人具有鲁莽、固执、粗心等不良的性格特征；社会环境可能妨碍人的安全素质的培养，助长不良性格的发展。这种因素是因果链上最基本的因素。

（2）人的缺点或失误（P）。人的缺点或失误即由于遗传和社会环境因素所造成的人的缺点。人的缺点是使人产生不安全行为或造成物的不安全状态的原因。这些缺点既包括诸如鲁莽、固执、易过激、神经质、轻率等性格上的先天缺陷，也包括诸如缺乏安全生产知识和技能等后天不足。

（3）人的不安全行为或物的不安全状态（H）。这两者是造成事故的直接原因。海因里希认为，人的不安全行为是由于人的缺点而产生的，是造成事故的主要原因。

（4）事故（D）。事故是一种由于物体、物质或放射线等对人体发生作用，使人员受到伤害或可能受到伤害的、出乎意料的、失去控制的事件。

（5）伤害（A）。伤害即直接由事故产生的人身伤害。

海因里希用5块骨牌形象地描述这种因果关系，因此该理论又被称为多米诺骨牌理论，如图2-5所示。前面介绍的五种因素分别代表一张多米诺骨牌，如果第一块骨牌倒下（即第一个原因M出现），则发生连锁反应，后面的骨牌相继被碰倒。即遗传及社会环境造成人的缺点或缺陷，人的缺点或缺陷造成人的不安全行为或物的不安全状态，使得事故发生，从而产生伤害。

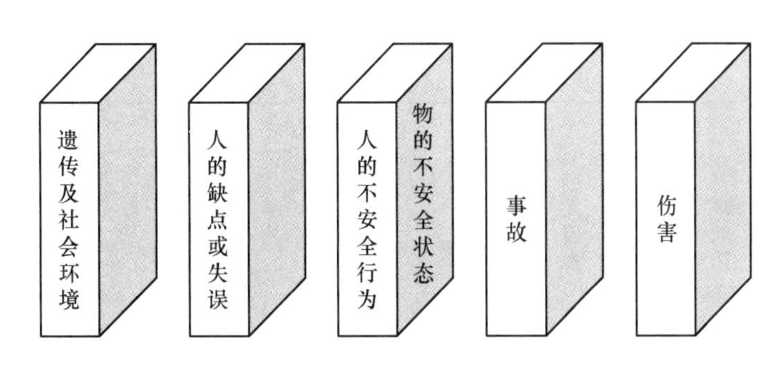

图 2-5 海因里希事故因果连锁理论

B 工作启示

根据海因里希事故因果连锁理论可知，如果移去因果连锁中的任一块骨牌，则连锁被切断，事故过程被终止，从而可以预防或控制事故的发生。如何移除骨牌，或者说采取怎样的措施移除骨牌呢?

（1）海因里希认为，企业安全工作的重心是要移去中间的骨牌，即防止人的不安全行为或消除物的不安全状态，从而中断事故连锁的进程，避免伤害。

（2）按照工作前移的观点，也可以采取措施减少人的缺点或失误。根据人的特点安排工作，扬长避短，达到人事相宜；开展教育培训活动，提高员工能力水平，减少失误。

（3）针对整个社会而言，可以完善医疗机制，减少人的生理和心理缺陷；加强安全文化建设、安全法治建设、安全教育建设，改善社会环境，提高全员的安全素质。

（4）在前三个骨牌均倒下的情况下，建立合理可行的应急救援体系可以减少事故发生后的损失，避免伤害。

C 不足之处

当然，海因里希理论也有明显的不足，它对事故致因连锁关系描述过于简单化、绝对化，过多考虑了人的因素。尽管如此，由于其形象直观、简洁易懂和其在事故致因研究中的先导作用，它在事故致因理论中有着重要的历史地位。

2.2.2.2 博德事故因果连锁理论

在海因里希事故因果连锁理论中，导致事故发生的根本原因为遗传和社会环境。遗传和社会环境在一定程度上确实影响人的行为，但却不是影响人员行为的主要因素。在企业中，如果管理者能够充分发挥管理机能中的控制机能，则可以有效控制人的不安全行为、物的不安全状态。博德在海因里希事故因果连锁理论的基础上提出博德事故因果连锁理论，其观点与现代安全观点更为吻合。

A 基本理论

博德的事故因果连锁过程同样为五个因素（见图 2-6），但每个因素的含义与海因里希的有所不同：

（1）管理缺陷。企业管理者必须认识到，只要生产没有实现本质安全化，就有发生事故及伤害的可能性。管理缺陷是事故形成的重要因素，个人及工作条件的问题、人的不安全行为或物的不安全状态都是由管理的缺陷引起的。

（2）个人及工作条件的因素。这方面的因素主要是由于管理缺陷造成的。个人因素

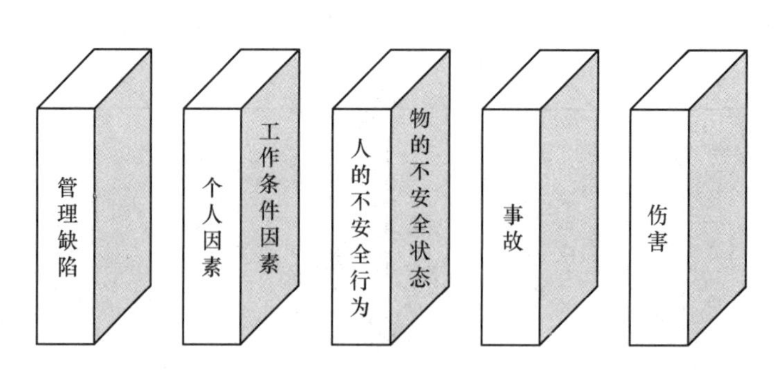

图 2-6 博德事故因果连锁理论

包括缺乏安全知识或技能，行为动机不正确，生理或心理有问题等；工作条件因素包括安全操作规程不健全，设备、材料不合适，以及存在温度、湿度、粉尘、气体、噪声、照明、工作场地状况（如打滑的地面、障碍物、不可靠支撑物）等有害作业环境因素。

（3）直接原因。人的不安全行为或物的不安全状态是事故的直接原因。这种原因是安全管理中必须重点加以追究的原因。但是，直接原因只是一种表面现象，是深层次原因的表征。在实际工作中，不能停留在这种表面现象上，而要追究其背后隐藏的管理上的缺陷因素，并采取有效的控制措施，从根本上杜绝事故的发生。

（4）事故。这里的事故被看作人体或物体与超过其承受阈值的能量接触，或人体与妨碍正常生理活动的物质的接触的过程。因此，防止事故就是防止接触。可以通过对装置、材料、工艺等的改进来防止能量的释放，或者操作者提高识别和回避危险的能力，佩戴个人防护用具等来防止接触。

（5）损失。人员伤害及财物损坏统称为损失。人员伤害包括工伤、职业病、精神创伤等。在许多情况下，可以采取恰当的措施使事故造成的损失最大限度地减小。例如，对受伤人员迅速进行正确的抢救，对设备进行抢修以及平时对有关人员进行应急训练等。

B 工作启示

安全管理是企业管理的一个重要环节。当前对于大多数企业来说，由于各种原因，完全依靠工程技术措施预防事故既不经济也不现实，只能通过完善安全管理工作，才能防止事故的发生。

2.2.2.3 亚当斯事故因果连锁理论

A 基本理论

亚当斯（Adams）提出了一种与博德事故因果连锁理论类似的因果连锁模型，该模型以表格的形式给出，如表 2-1 所示。在该理论中，事故和损失因素与博德事故因果连锁理论相似。这里把人的不安全行为和物的不安全状态称为现场失误，其目的在于提醒人们注意不安全行为和不安全状态的性质。

亚当斯事故因果连锁理论的核心在于对现场失误的背后原因进行深入研究。操作者的不安全行为及生产作业中的不安全状态等现场失误，是由于企业领导者和安全技术人员的管理失误造成的。管理人员在管理工作中的差错或疏忽，以及企业领导人的决策失误，对企业经营管理及安全工作具有决定性的影响。管理失误又是由企业管理体系中的问题所导致。

表 2-1 亚当斯事故因果连锁模型

管理体系	管理失误		现场失误	事故	伤害或损坏
目标 组织 机能	领导者在下述方面决策出现问题： 1. 方针政策； 2. 目标； 3. 规范； 4. 责任； 5. 职级； 6. 考核； 7. 权限授予	安全技术人员在下述方面存在失误： 1. 行为； 2. 责任； 3. 权限范围； 4. 规则； 5. 指导； 6. 主动性； 7. 积极性； 8. 业务活动	不安全行为 不安全状态	伤亡事故 损坏事故 无伤害事故	伤害 损坏

B 工作启示

通过构建有效的安全管理体系来控制危险源、消除事故隐患，预防事故的发生。管理体系重点解决以下问题：如何有组织地进行管理工作，确定怎样的管理目标，如何计划、如何实施等。管理体系反映了作为决策中心的领导人的信念、目标及规范，它决定各级管理人员安排工作的轻重缓急、工作基准及指导方针等重大问题。目前常见的安全管理体系有安全生产标准化、职业安全健康管理体系、HSE 管理体系及风险预控管理系统等。

2.2.2.4 北川彻三事故因果连锁理论

A 基本理论

前面几种事故因果连锁理论把考查的范围局限于企业内部。实际上，工业伤害事故发生的原因是复杂的，一个国家或地区的政治、经济、文化、教育、科技水平等诸多社会因素对伤害事故的发生和预防都有着重要的影响。日本人北川彻三正是基于这种考虑，对海因里希的理论进行了一定修正，提出了另一事故因果连锁理论，如表 2-2 所示。

表 2-2 北川彻三事故因果连锁理论

基本原因	间接原因	直接原因	事故	伤害
学校教育原因； 社会原因； 历史原因	技术原因； 教育原因； 身体原因； 精神原因； 管理原因	不安全行为； 不安全状态		

B 工作启示

在北川彻三事故因果连锁理论中，基本原因中的各个因素，已经超出了企业安全工作的范围，考虑了导致事故发生的社会因素。充分认识这些基本原因中的因素，对综合利用相关的科学技术、管理手段改善间接原因因素，达到预防伤害事故发生的目的，是十分重要的。

2.2.3 能量意外转移理论

2.2.3.1 能量意外转移理论的概念

人类社会的发展历程就是不断地开发和利用能量的过程，但能量也是对人体造成伤害的根源。没有能量就没有事故，没有能量就没有伤害。所以吉布森、哈登等人根据这一概念，提出了能量转移论。其基本观点是：不希望或异常的能量转移是伤亡事故的致因，即人受伤害的原因只能是某种能量向人体的转移，而事故则是一种能量的不正常或不期望的释放。

在能量转移论中，把能量引起的伤害分为两大类：

第一类伤害是由于转移到人体的能量超过了局部或全身性损伤阈值而产生的。例如，在工业生产中，一般都以36 V为安全电压。当人与电源接触时，由于36 V在人体所承受的阈值内，就不会造成任何伤害或伤害极其轻微；而由于220 V电压大大超过人体的阈值，与其接触，轻者灼伤，重则造成终身伤残甚至死亡。

第二类伤害主要指中毒、窒息、冻伤，是由于影响局部或全身性能量交换引起的。比如，溺水。水阻碍了人与氧气的交流。

在一定条件下，某种形式的能量能否产生人员伤害，除了与能量大小有关以外，还与人体接触能量的时间和频率、能量的集中程度、身体接触能量的部位等有关。

2.2.3.2　能量意外转移理论的启示

了解了能量导致事故的原理，如何来防止事故的发生呢？首先确认某个系统内的所有能量源，然后确定可能遭受该能量伤害的人员及伤害的可能性与可能的严重程度，进而确定控制该能量不正常或不期望转移的方法。控制能量的大体思路为：消除能量、减少能量、隔离能量。常用的能量控制方法见表2-3。实际安全生产过程中，往往同时使用几种措施，以确保安全。

表2-3　常用的能量控制方法

能量控制思路	能量控制方法	举　例
消除能量	用较安全的能源代替危险能源	用水力采煤代替爆破采煤，用煤油代替汽油作溶剂
减少能量	限制能量	降低车辆的速度，减少爆破作业的装药量
	防止能量积聚	保证矿井通风，防止瓦斯气体积聚
	延缓能量释放	安全阀、溢出阀、吸收振动装置等
	开辟能量释放渠道	电器安装地线
隔离能量	控制能量释放	将放射源放入重水中避免辐射危害
	设置屏障	佩戴安全帽、防护服、口罩
	从时间和空间上将人与能量隔离	道路交通信号等

2.2.3.3　能量意外转移理论的优点和不足

能量转移理论与其他事故致因理论相比，具有两个主要优点：一是把各种能量对人体的伤害归结为伤亡事故的直接原因；二是依照该理论建立的对伤亡事故的统计分类。

能量转移理论的不足之处是：由于意外转移的机械能（动能和势能）是造成工业伤害的主要能量形式，因而使得按能量转移的观点对伤亡事故进行统计分类的方法尽管具有理论上的优越性，在实际应用中却存在困难。

2.2.4　基于人体信息处理的人失误事故模型

基于人体信息处理的人失误事故理论都有一个基本的观点，即：人失误会导致事故，而人失误的发生是由于人对外界刺激（信息）的反应失误造成的。

2.2.4.1 威格尔斯沃思模型

A 基本理论

威格尔斯沃思在1972年提出，人失误构成了所有类型事故的基础。他把人失误定义为“人错误地或不适当地响应一个外界刺激”。他认为：在生产操作过程中，各种各样的信息不断地作用于操作者的感官，给操作者以“刺激”。若操作者能对刺激做出正确的响应，事故就不会发生；反之，如果错误地或不恰当地响应了一个刺激（人失误），就有可能出现危险。危险是否会带来伤害事故，则取决于一些随机因素。威格尔斯沃思的事故模型可以用图2-7中的流程关系表示。

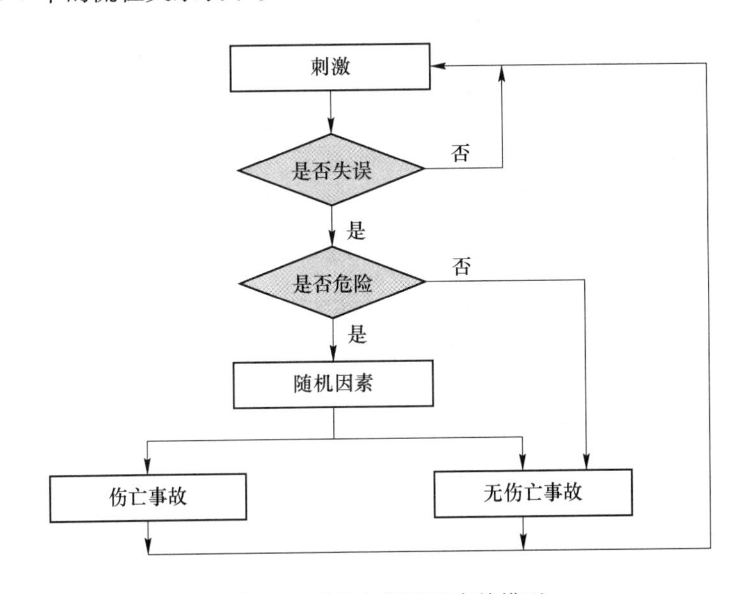

图2-7 威格尔斯沃思事故模型

B 不足之处

这个模型在描述事故现象时突出了人的不安全行为，但却不能解释人为什么发生失误。它也不适用于以人为失误为主的事故。

2.2.4.2 瑟利模型

A 基本理论

1998年，瑟利（J. Surry）提出一个事故模型，他把事故的发生过程分为危险出现（指是否形成潜在危险的过程）和危险释放（指危险是否由潜在状态变为现实状态，从而造成伤害或损害的过程）两个阶段，每个阶段均包括一组类似人的信息处理过程，即“感觉—认识—行为（S-O-R）响应过程”。

在危险出现阶段，如果人的信息处理的各个环节都正确，危险就能被消除或得到控制；反之，就会使操作者直接面临危险。在危险释放阶段，如果人信息处理过程的各个环节都是正确的，即使面临着已经显现出来的危险，仍然可以避免危险造成的伤害或破坏；反之，释放的危险就会转化成伤害或损坏。

瑟利事故模型如图2-8所示。

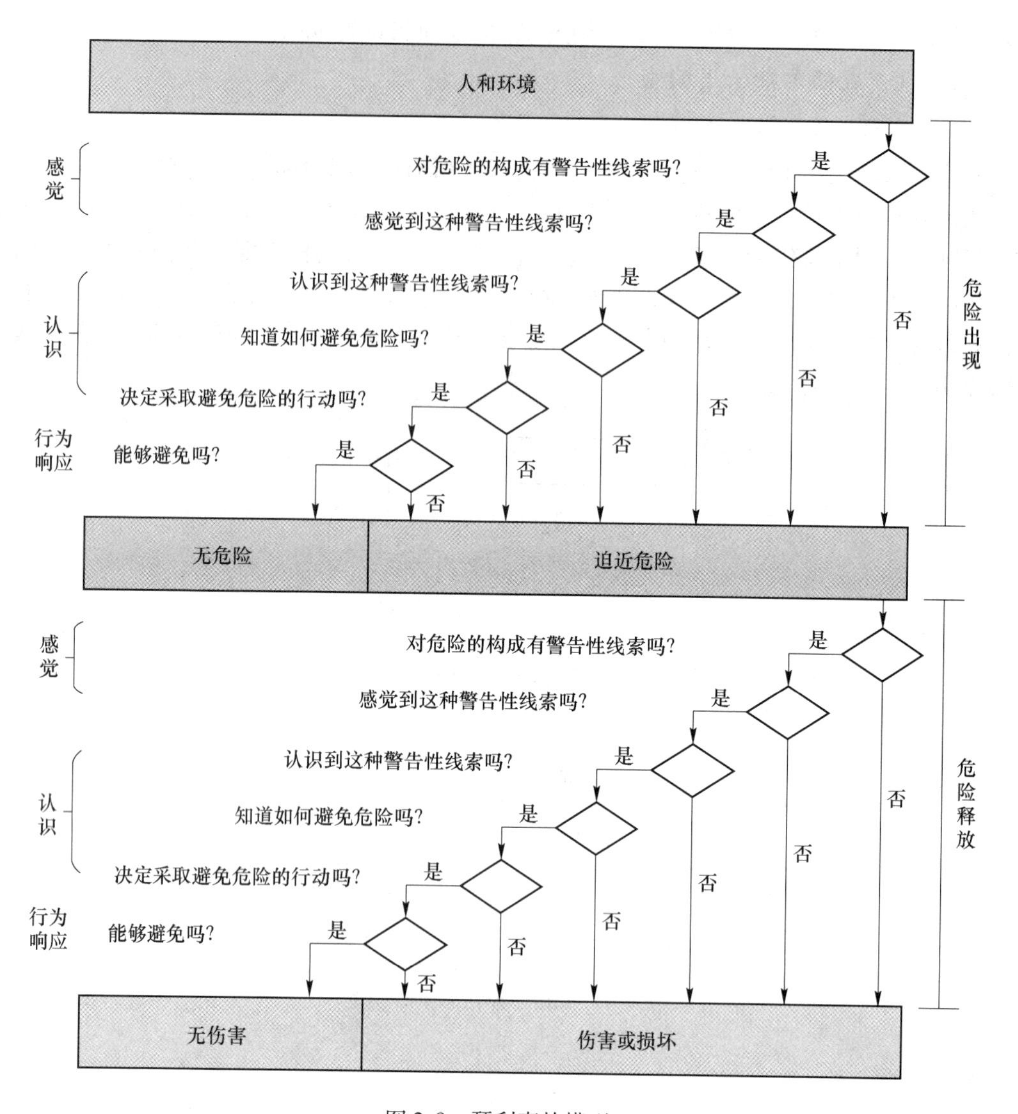

图 2-8 瑟利事故模型

由图 2-8 可以看出，两个阶段具有类似的信息处理过程，每个过程均可被分解成六个方面的问题。下面以危险出现阶段为例，分别介绍这六个方面的含义。

第一个问题：对危险的出现有警告吗？这里警告的意思是指工作环境中是否存在安全运行状态和危险状态之间可被感觉到的差异。如果危险没有带来可被感知的差异，则会使人直接面临该危险。在实际生产中，危险即使存在，也并不一定直接显现出来。这一问题的启示，就是要让不明显的危险状态充分显示出来，这往往要采用一定的技术手段和方法来实现。

第二个问题：感觉到了这种警告吗？这个问题有两个方面的含义：一是人的感觉能力如何，如果人的感觉能力差，或者注意力在别处，那么即使有足够明显的警告信号，也可能未被察觉；二是环境对警告信号的“干扰”如何，如果干扰严重，则可能妨碍对危险信息的察觉和接受。根据这个问题得到的启示是：感觉能力存在个体差异，提高感觉能力要依靠经验和训练，同时训练也可以提高操作者抗干扰的能力；在干扰严重的场合，要采用能避开干扰的警告方式（如在噪声大的场所使用光信号或与噪声频率差别较大的声信号）或加大警告信号的强度。

第三个问题：认识到了这种警告吗？这个问题问的是操作者在感觉到警告之后，是否理解了警告所包含的意义，即操作者将警告信息与自己头脑中已有的知识进行对比，以识别出危险的存在。

第四个问题：知道如何避免危险吗？问的是操作者是否具备避免危险的行为响应知识和技能。为了使这种知识和技能变得完善和系统，从而更有利于采取正确的行动，操作者应该接受相应的训练。

第五个问题：决定采取行动吗？表面上看，这个问题毋庸置疑，既然有危险，当要采取行动。但在实际情况下，人们的行动是受各种动机中的主导动机驱使的，采取行动风险的"避险"动机往往与"趋利"动机（如省时、省力、多挣钱、享乐等）交织在一起。当趋利动机成为主导动机时，尽管认识到危险的存在，并且也知道如何避免危险，但操作者仍然会"心存侥幸"而不采取避险行动。

第六个问题：能够避免危险吗？问的是操作者在做出采取行动的决定后，是否能够迅速、敏捷、正确地在行动上做出反应。

上述六个问题中，前两个问题都是与人对信息的感觉有关的，第三至第五个问题是与人的认识有关的，最后一个问题是与人的行为反应有关的。这六个问题涵盖了人对信息处理全过程，并且反映了在此过程中有很多失误发生进而导致事故的发生。

B　工作启示

基于事故发生的机理，如何防止事故的发生呢？针对感觉、认识、行为响应的不同特点，采取不同的措施。一是采取技术手段，使操作者感觉到危险的出现或释放。二是采取教育培训，使操作者感觉到危险后，正确认识其含义，并知道采取何种措施。三是通过系统及其辅助设施的设计使人做出正确决策后，有足够的时间和条件做出响应；通过培训，使人能够正确、快速做出响应。

瑟利事故模型适用于描述危险局面出现得较慢，如不及时改正则有可能发生的事故。对于描述发展迅速的事故，也有一定的参考价值。

2.2.4.3　劳伦斯模型

劳伦斯在威格里斯沃思和瑟利等人的人失误模型基础上，通过对南非金矿中发生的事故进行研究，提出了针对金矿企业以人失误为主因的事故模型，如图 2-9 所示。该模型对一般矿山企业和其他企业中比较复杂的事故情况也普遍适用。

在采矿工业中，事故是指使正常生产活动中断的不测事件。包括人的因素在内的连续生产活动，可能引起两种结果：发生伤害和不发生伤害。事故是否发生伤害取决于危险的程度和随机因素。理论上危险、事故、伤害有 8 种组合，因为不存在危险或没有事故也就不可能发生伤害，所以只有 5 种事故后果类型（见表 2-4）。

表 2-4 中可能存在的 5 种组合类型中，1 型是无事故、无危险、无伤害，最为理想；4 型既有危险又伴随伤害的事故，是我们最不希望发生的结果。1 型 ~5 型的 5 类组合绘制于图 2-9 的上方。

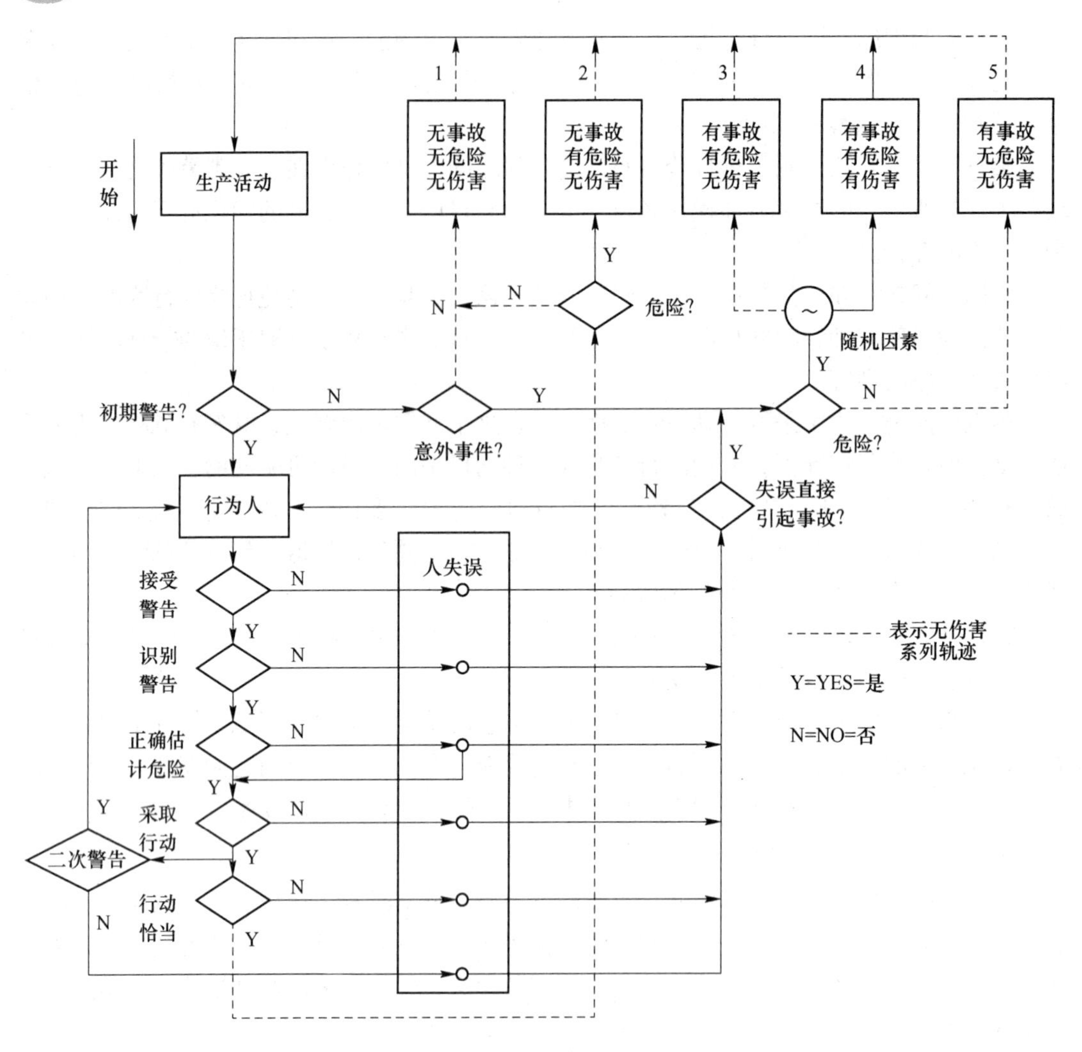

图 2-9　劳伦斯事故模型

表 2-4　事故、危险和伤害的组合

事故	危险	伤害	出现的类型
无	无	无	1
无	有	无	2
有	有	无	3
有	有	有	4
有	无	无	5
无	无	有	不可能出现
有	无	有	不可能出现
无	有	有	不可能出现

在采矿生产中所见到听到的信息、征兆会警告工人在他所处的生产环境中有可能发生事故。在图 2-9 的模型中称此为“初期警报”。

（1）在正常生产条件下，没有任何危险征兆和不安全信息，即没有初期警报。没有意外事件也就没有生产的中断，结果是“无危险、无事故、无伤害”，属于1型。

（2）如图中“初期警报”横线向右，在没有初期警报情况下却发生了意外事件，这将根据危险是否出现与有关伤害的随机因素分别产生3、4、5型的结果。如有危险，则产生3、4型结果；如无危险，则产生5型结果。

（3）当没有事前征兆，甚至连一般的安全标准或指示等原则性警告都没有，一旦根据危险的存在和随机因素的巧合发生了4型的伤亡事故，这也不能单纯归咎于矿工的失误，而应当定为管理上的领导失误，属于管理层“不恰当地回答先前的警告”“错误地响应刺激信息”。分析这种责任事故时，应当追究深远的、间接的但却是主要的原因，是管理失误。

（4）如果发现了事故征兆，即有了初期警报，矿工对这警报接受与否，识别是否正确，是否充分而正确地估计了危险，回答警报情况，是否直接采取应急措施（行为、行动），总之，如何处置和对待这一警报，将决定着是否可能发生伤害事故。在回答警报和采取控制措施的同时，还要给其他工人发出第二次警报（如会同班组成员，共同撤出危险地带）。

在这条竖直的回答链中（图中左侧“行为人”栏下竖行各项）任何阶段的故障（或称NO）都会构成“人失误”（图中央的矩形），其结果或因失误直接引起事故和自身伤害，或把伤害转嫁给其他工人。

（5）关于对危害的估计，模型中“行为人”下方第三个菱形符号表明，如果工人对危害估计正确，则会发出二次警报和采取直接行动；反之如果对危害估计不足（习惯称为麻痹大意），构成了“人失误”，能直接引起事故。管理人员低估危险，即所谓违章指挥，会有更严重的危险后果。

这个以人失误为主因的矿山事故模型，把辨识事故征兆、估计危害、采取直接控制措施和交流信息、矿工自救、矿山安全管理等有机结合起来，阐述了不同的事故后果。

劳伦斯模型适用于类似矿山生产的多人作业生产方式。在这种生产方式下，危险主要来自自然环境，而人的控制能力相对有限，在许多情况下，人们唯一的对策是迅速撤离危险区域。为了避免发生伤害事故，人们必须及时发现、正确评估危险，并采取恰当的行动。

2.2.5 动态变化理论

世界是在不断运动、变化着的，工业生产过程也在不断变化之中。针对客观世界的变化，我们的安全工作也要随之改进，以适应变化的情况。

2.2.5.1 扰动起源事故理论

本尼尔认为，事故过程包含着一组相继发生的事件（这里，事件是指生产活动中某种发生了的事情）。一个事件的发生必然是某人或某物引起的。如果把引起事件的人或物称为“行为者”，而其动作或运动称为“行为”，则可以用行为者及其行为来描述一个事件。事件必须按单独的行为者和行为来描述，以便把事故过程分解为若干部分加以分析综合。

1974年，劳伦斯利用上述理论提出了扰动起源论。该理论认为“事件”是构成事故的因素。任何事故当它处于萌芽状态时就有某种非正常“扰动”，此扰动为起源事件。事故形成过程是一组自觉或不自觉的，指向某种预期的或不测结果的相继出现的事件链。这种事故进程包括了外界条件及其变化的影响。相继事件过程是在一种自动调节的动态平衡中进行的。当行为者能够适应不超过其承受能力的扰动时，生产活动可以维持动态平衡而不发生事故。如果其中的一个行为者不能适应这种扰动时，则自动平衡过程被破坏，开始一个新的事件过程，即事故过程。一事件继发另一事件，最终导致“终了事件”——事故和伤害。这些伤害或损害事件可能依次引起其他变化或能量释放。

综上所述，可以将事故看作由事件链中的扰动（Perturbation）开始，以伤害或损害为结束的过程。这种事故理论也叫作“P 理论”。图 2-10 为扰动理论的示意图。

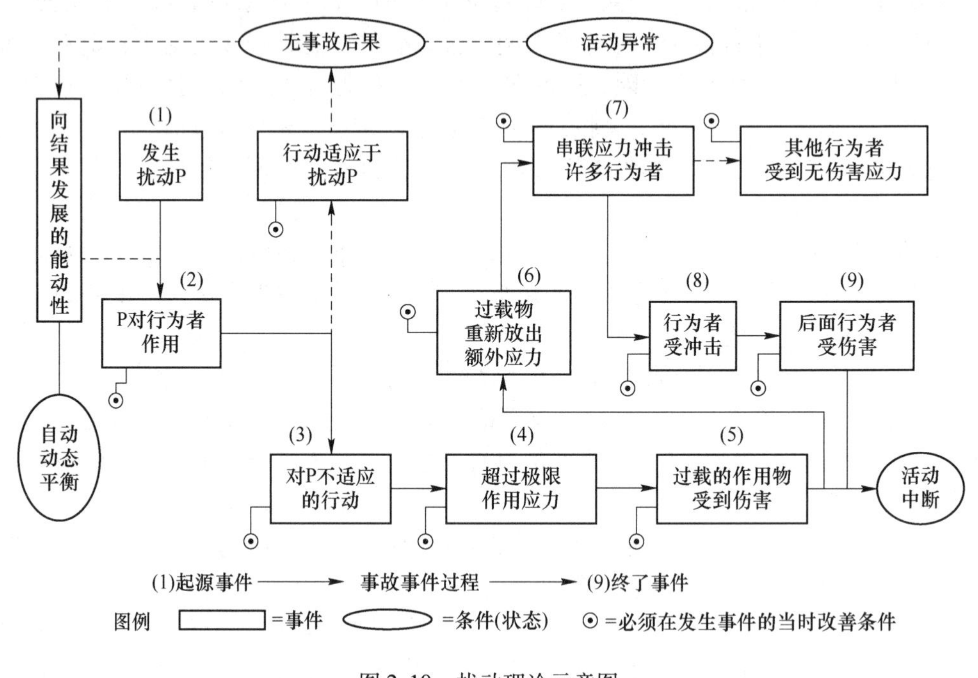

图 2-10　扰动理论示意图

该图由（1）发生扰动到（9）伤害组成事件链。扰动（1）称为起源事件，（9）伤害称为终了事件。该图外围是自动平衡，无事故后果，只使生产活动异常。该图还表明，在发生事件的当时，如果改善条件，也可使事件链中断，制止事故进程发展下去而转化为安全。事件用语都是高度抽象的“应力”术语，以适应各种状态。

2. 2. 5. 2　变化-失误理论

变化-失误论的观点是：运动系统中与能量和失误相对应的变化是事故发生的根本原因。没有变化就没有事故。当然，并非所有的变化都能导致事故。在众多的变化中，只有极少数的变化会引起人的失误，在众多的变化引起的失误中，又只有极少数的一部分会导致事故的发生。变化-失误论模型如图 2-11 所示。

既然变化可能导致事故，我们如何办呢？一是当观察到系统发生的变化时，探求这种变化是否会产生不良后果。如果会，则寻找产生这种变化的原因，进而采取相应的措施，如图 2-12 所示。二是当观察到某些不良后果后，先探求是哪些变化导致了这种后果的产生，进而寻找产生这种变化的原因、采取相应的措施，如图 2-13 所示。

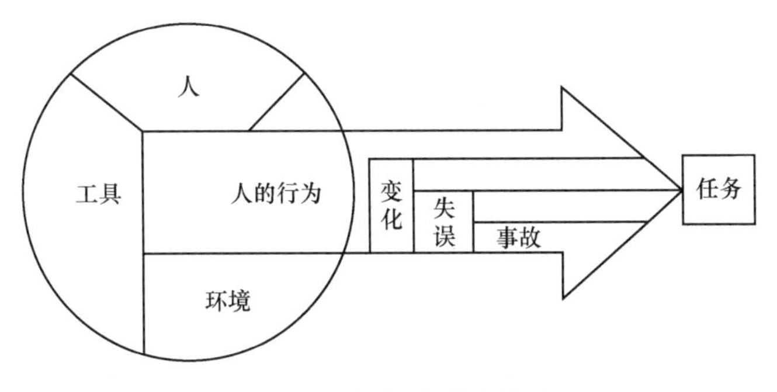

图 2-11 变化-失误论模型

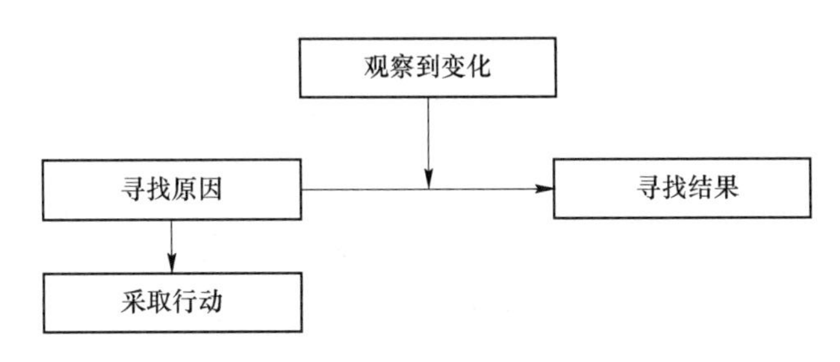

图 2-12 观察到变化时的变化分析过程

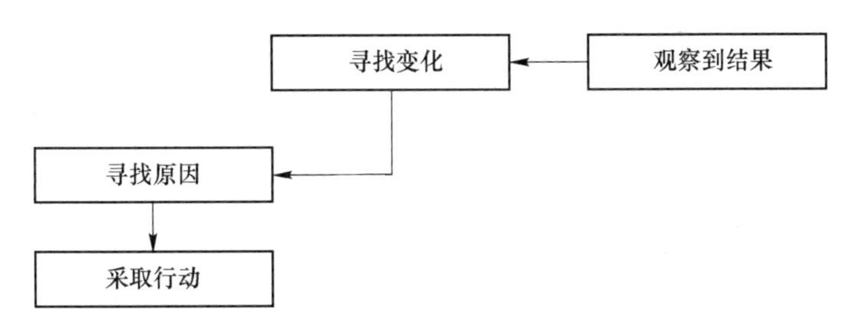

图 2-13 观察到后果时的变化分析过程

应用变化-失误论分析时，最大的困难是如何在数量庞大的各类变化中，找出哪类有可能导致严重事故后果的变化并能够采取相应的措施。这需要调查分析人员有较高的理论水平和实践经验，这也是一门在某种程度上依赖于直觉的艺术。

2.2.6 轨迹交叉论

2.2.6.1 轨迹交叉论的概念

轨迹交叉论认为，人的因素和物的因素在事故归因中同样重要。其基本思想是：伤害事故是许多相互关联的事件顺序发展的结果。这些事件可分为人和物（包括环境）两个发展系列。当人的不安全行为和物的不安全状态在各自发展过程中，在一定时间、空间发生了接触，使能量逆流于人体时，伤害事故就会发生。而人的不安全行为和物的不安全状态之所以产生和发展，又是受到多种因素作用的结果。

轨迹交叉理论如图 2-14 所示。起因物是指事故现象起源的机械、装置、天然或人工物件、环境物等；致害物是指直接造成事故而加害于人的物质。起因物与致害物可能是不同的物体，也可能是同一物体；肇事者和受害者可能是不同的人，也可能是同一个人。

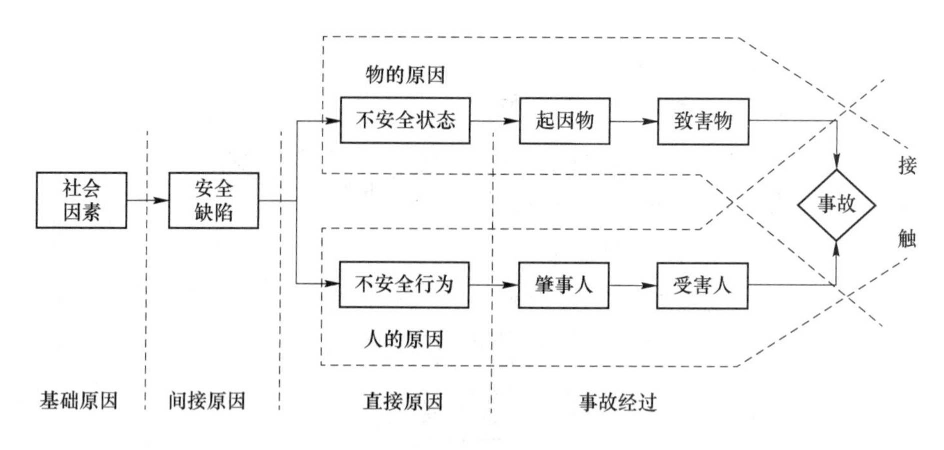

图 2-14 轨迹交叉事故模型

在焊接作业中有火花飞溅，引燃了聚氨酯橡胶，燃烧产物使人一氧化碳中毒；火花飞溅到清漆汽油上又引起火灾，烧伤了工人；同时火灾引起汽油桶爆炸，又造成了桶片飞出而砸伤人员。

引发这一事故的起因物是电焊装置，致害物 1 是火花，致害物 2 是聚氨酯橡胶和汽油，致害物 3 是 CO、高温可燃物、汽油桶碎片。

2.2.6.2 工作启示

根据轨迹交叉论的观点，消除人的不安全行为或物的不安全状态，避免二者交叉，就会在相当大的程度上预防和控制事故的发生。

（1）消除人的不安全行为。强调工种考核，加强安全教育和技术培训，进行科学的安全管理，从生理、心理和操作管理上控制人的不安全行为的产生，就等于消除了事故产生的人的因素轨迹。

（2）消除物的不安全状态。通过改进生产工艺，设置有效安全防护装置，使得即使人员产生不安全行为也不至于酿成事故。

2.2.6.3 轨迹交叉论的不足

有时人的不安全行为或物的不安全状态相互诱发。事故的发生并非完全简单地按人、物两条轨迹独立地运行，而是呈现较为复杂的因果关系。

2.2.7 “2-4”模型

综合事故案例分析并考虑中外社会组织的安全管理实践过程和内容，傅贵构建了事故致因“2-4”模型（24Model），该模型的雏形发表于2005 年，后经历了多次改版，第6 版“2-4”模型的静态结构如图 2-15 所示。它按照事故发生的过程，将事故的原因即致因因素分为组织因素和个体因素 2 个大类；再将组织因素分为安全文化和安全管理体系 2 个小类，将个体因素分为人的安全能力、人和物的安全动作 2 个小类，这样 2 个大类 4 个小类事故原因与事故一起，按照因果关系，就组成了一个新的事故致因模型。

“2-4”模型也把人的不安全动作、物的不安全物态作为导致事故发生的直接原因，但“动作”的含义与其他模型不同，不是仅包括一线员工的动作不同，而是包括组织中所有成员的动作；个体能力是导致事故发生的间接原因，包括安全知识、安全意识、安全习惯、安全心理状态和安全生理状态5个方面；管理体系是导致事故发生的根本原因，是指各种需要做的工作及工作方法；组织文化是事故的根源，是指工作需要的原理或指导思想。

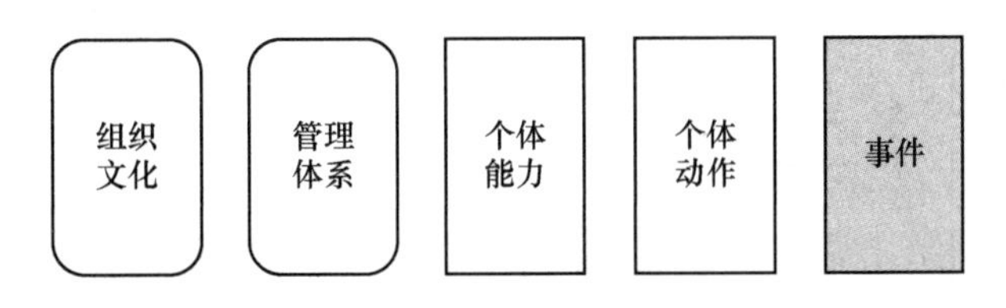

图2-15　第6版“2-4”模型的静态结构

“2-4”模型的4个事故原因间存在行为演化关系（见图2-16），该模型又称为行为安全“2-4”模型。安全文化和管理体系是组织整体的性质，安全能力和安全动作是组织成员的个体性质。这4个因素以个体能力为中心，组织文化指导管理体系的运行，组织文化和管理体系共同促进个体能力的提升，个体能力产生个体动作，个体动作产生事件，事件产生结果，也就是系统动态行为的产生以及运行过程。

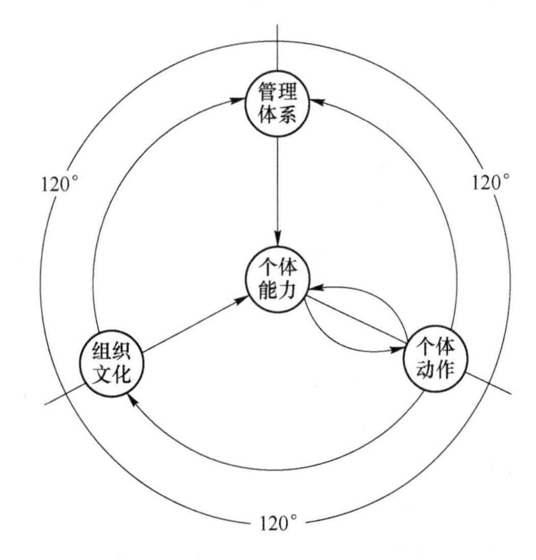

图2-16　“2-4”模型行为演化过程

2.2.8　综合论

从上述各种事故致因理论的分析中可以看出，人的不安全行为和物的不安全状态是造成事故的直接原因，如果对它们进行更进一步的考虑，则可挖掘出二者背后深层次的原因。

如今国内外的安全专家普遍认为，事故的发生不是单一因素造成的，也并非个人偶然失误或单纯设备故障所形成的，而是各种因素综合作用的结果。综合论认为，事故的发生是社会因素、管理因素、生产中各种危险源被偶然事件触发所造成的结果。综合论事故模型见图2-17。

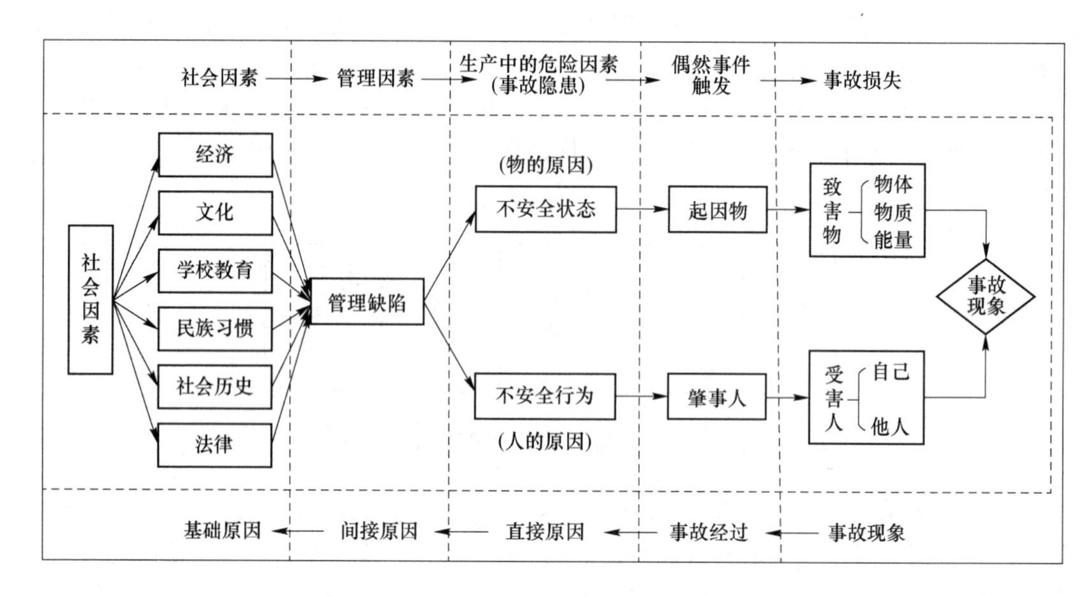

图 2-17 综合论事故模型

综合论认为，事故的适时经过是由起因物和肇事人偶然触发了致害物和受害人而形成的事故现象。

偶然事件之所以触发，是由于生产中环境条件存在着危险源的各种隐患（物的不安全状态）和人的某种失误（人的不安全行为）共同构成事故的直接原因。

这些物质的、环境的以及人的原因，是由管理上的失误、管理上的缺陷和管理责任所导致。这是形成直接原因的间接原因，也是重要的基本原因。形成间接原因的因素，包括社会的经济、文化、教育、习惯、历史、法律等基础原因，统称为社会因素。

事故的发生过程可以表述为由基础原因的“社会因素”产生“管理因素”，进一步产生“生产中的危险因素”，通过人与物的偶然因素触发而发生伤亡和损失。

调查分析事故的过程则与上述经历方向相反。如逆向追踪：通过事故现象，查询事故经过，进而了解物的环境原因和人的原因等直接造成事故的原因；依次追查管理责任（间接原因）和社会因素（基础原因）。

这个理论综合地考虑了各种事故现象和因素，因而比较正确，有利于各种事故的分析、预防和处理，是当今世界上最为流行的理论。美国、日本和我国都主张按这种模式分析事故。

2.3 管理学的基本理论

视频资源：2.3 管理学的基本理论

管理学的发展大致经历了 4 个阶段：萌芽阶段、科学管理阶段、行为科学阶段、现代管理阶段。萌芽阶段只有一些精彩的管理思想，还没有上升到一定的理论高度。20 世纪初，管理作为一门科学诞生，其标志就是泰勒的科学管理理论。随后管理作为一门科学研究，开始了科学管理阶段。这一阶段重点围绕：提高效率展开。20 世纪 30 年代后期，人们发现板起面孔的管理模式要失灵了，这个时候开始关注对人的研究。这个时期对应着行为科学阶段。20 世纪 60 年代，管理进入了枝繁叶茂的丛林阶段，管理流派很多。结合安全管理学的特点，这里我们重点介绍：科学管理理论、组织管理理论、行为科学理论。

2.3.1 科学管理理论

泰勒的科学管理理论主要来源于三个试验：搬运生铁块试验、铁锹试验、金属切削试验。

2.3.1.1 搬运生铁块试验

伯利恒钢铁公司搬铁块工作量非常大，有 75 名搬运工人负责这项工作，把铁块搬上火车运走。当时，工人平均每人每天只能搬运 12.5 t 生铁块，工作效率极低。

为什么会出现这种情况呢？一方面管理者不知道工人一天应该干多少活，无法下达指标任务？另一方面工人担心多干活会提高失业的风险，故意放慢速度。

怎样解决这一问题，提高劳动生产率呢？1898 年，泰勒在伯利恒钢铁公司开展了搬运生铁块试验。他首先选择了试验工人施密特——他是一名四肢发达、头脑简单、喜爱钱财的人；接着通过承诺提高工资，引导他参与试验；在试验过程中，泰勒的一位助手按照泰勒事先设计好的时间表和动作对这位工人发出指令，如搬运铁块、开步走、放下铁块、坐下休息等。通过转换各种工作因素，以便观察他们对施密特的日生产率的影响。最终，确定高效率的工作方式，并引导其他人掌握新方法，以提高企业的整体效率。

通过试验得出：(1)“一流工人”是与工作需要相匹配的人。四肢发达、头脑简单、喜爱钱财的施密特是搬运生铁块的“一流工人”。(2) 实行“差别计件工资制”，有利于激励工人的积极性。(3) 科学方法提高工作效率。工人在工作过程中没有时间和能力研究提高效率的方法，为此，需要管理者开展这项工作。即执行与计划需要分离，工人执行，管理者计划。(4) 对工人培训可以提高其技能。

2.3.1.2 铁锹试验

铁锹试验前，员工干不同的活拿同样的锹；铲不同的东西每锹的重量不一样；铲重量大的工人容易疲劳，铲重量小的工作效率不足。为提高劳动效率，泰勒开展了铁锹试验。

通过试验发现：一个工人在操作中的平均负荷量大致是每铲 21 磅；每种铲子只适合铲特定的物料。也就是说，要提高效率，需要根据物料的特点设计合理的工具。即，物尽其用是提高效率的好方法；并形成标准化管理的概念。

2.3.1.3 金属切削试验

为进一步提高效率，泰勒又开展了金属切削试验，在使用机床切削金属时，先决定使用什么样的刀具、用多大的切削速度，以便获得最佳的金属加工效率。他用时 26 个年头，耗用 80 万吨钢材，最终形成了金属加工方面的工作规范，发明了高速钢。

总结三大试验的结果，科学管理理论主要内容包括：为每项工作选择“一流工人”；标准化管理；实行差别计件工资制；计划与执行相分离。这些观点在当前的安全管理中依旧在借鉴使用。

2.3.2 组织管理理论

法约尔是组织管理理论的奠基人。他从 25 岁起从事管理工作，一直到 77 岁退休，当了52年的经理。他把企业作为一个整体，从而提出了组织管理理论。

他认为，企业的整体活动为经营，经营包括6大活动：技术、商业、财务、安全、会计、管理。他把管理单独独立出来。

他提出了教育的必要性。认为管理能力可以通过教育获得。

他提出管理活动所需的五大管理职能和十四项管理原则。将管理活动分为：计划、组织、指挥、协调和控制。这五大管理职能的内涵，我们在第1章已经介绍，这里不再重复。

十四项管理原则有：劳动分工、权责相当、纪律严明、统一指挥、统一领导、个人利益服从整体利益、报酬、集权、等级层次、秩序、公平、人员稳定、主动性、团结精神。这些理论和原则被人们普遍接受，在安全管理中也在使用。

2.3.3 行为科学理论

科学管理理论和组织管理理论是以效率为中心，当工人的觉悟普遍提高后，有些规则不太好用了，于是又开辟了管理理论的又一先河，这就是以人为中心的行为科学理论。有两个学说：早期的人际关系学说和后期的行为科学学说。

2.3.3.1 人际关系学说

人际关系学说是在霍桑试验的基础上，由梅奥创立的。霍桑工厂是一个制造电话交换机的工厂，具有较完善的娱乐设施、医疗制度和养老金制度，但工人们仍愤愤不平，生产成绩很不理想。为找出原因，美国国家研究委员会组织研究小组开展试验研究。

霍桑试验分为四个阶段，包括四个试验：工厂照明试验；继电器装配试验；谈话研究；观察试验。

第一阶段：工厂照明试验。试验者认为：合适的照明度有助于减少疲劳，使生产效率提高。于是调节照明度，观察生产率的变化。结果表明：照明度的改变对生产效率并无影响。这似乎是不符合逻辑的。

第二阶段：继电器装配试验。试验者认为：企业福利待遇提升会提高劳动生产效率。结果表明：不管福利如何改变，都不影响产量的持续上升。这似乎也不符合逻辑。

为什么会这样呢？在谈话过程中，试验者发现影响试验结果的因素为：工人参加试验的光荣感和成员之间的良好关系。试验开始时6名参加试验的女工曾被召进部长办公室谈话，她们认为这是莫大的荣誉。为此，无论光照如何改变，她们努力完成工作。也就是说，职工是社会人，而不是经济人。除了提高工资外，自豪感也可以提高工作效率。

第三阶段：谈话研究。该试验最初的计划是：请工人就管理当局的规划和政策、工头的态度和工作条件等问题作出回答。谈话过程中，工人就工作提纲以外的事情进行交谈。工人谈话后，工作效率有所提高。也就是说，职工发泄过后心情舒畅，士气提高，使产量得到提高。

第四阶段：观察试验。试验选择14名男工人在单独的房间里从事绕线、焊接和检验工作，实行计件工资制度，激励工人努力工作。试验结果又出人意料。职工的工作效率，没有因为实行计件工资制度而提高。产量只保持在中等水平上，每个工人的日产量平均都差不多。原来14名职工担心提高效率会有人失业，他们达成一致意见，保持大致相同的工作效率。员工为维护内部团结，可以放弃物质诱惑。大家的意见不是企业制定的，而是团体协商制定并遵守。也就是说，企业中存在非正式组织，非正式组织以情感逻辑为重要标准，对生产效率也有很大影响。

梳理以上试验结果，可以看出人际关系说的主要内容包括：(1) 职工是“社会人”而不是“经济人”。(2) 工人的工作态度和士气是影响工作效率的关键因素。(3) 企业中存在“非正式组织”，要注意其存在，并发挥其作用。这三点在当前的安全管理中均有所体现。

2.3.3.2　行为科学学说

人际关系学说发现了人的社会性，后期行为科学学说开始以人的行为为对象进行综合研究。形成了个体行为理论、团体行为理论和组织行为理论。

20 世纪 60 年代至今，随着经济的发展，管理思想的丰富和发展，出现了许多新的管理理论和学说，比如管理过程学派、社会合作学派、经验学派等。

2.4　安全管理基本原理

视频资源：2.4　安全管理学的理论基础

安全管理基本原理是对管理学基本原理的继承和发展，主要包括系统原理、人本原理、强制原理、预防原理、责任原理。其中，系统原理、人本原理是管理的基本原理，能用作安全管理，也能用作其他管理，具有普遍性；预防原理、强制原理、责任原理是安全管理的基本原理，具有局限性。

2.4.1　系统原理

系统原理是指人们在从事管理工作时，运用系统的观点、理论和方法对管理活动进行充分地分析，以达到管理的优化目标。它有五个原则：动态相关性原则、弹性原则、反馈原则、封闭原则、整分合原则。

动态相关性原则是指任何安全管理系统的正常运转，不仅受到系统自身条件和因素的制约，还受其他相关因素的影响，并随着时间、地点以及人们的不同努力程度而发生变化。比如汽车的安全行驶，不仅受汽车自身状况的影响，还受交通基础设施的影响，并跟驾驶员的情况有关。所以安全管理过程中，不仅关注系统内部各要素之间的动态相关性，而且关注与安全有关的所有对象要素的动态相关性。

安全措施不能一成不变，需要随时调整。为此，管理必须要有很强的适应性和灵活性，才能有效地实现动态管理，这也就是弹性原则。

安全管理过程中，一方面，要不断地推进安全管理的科学化、现代化，加强系统安全分析和危险评估，尽可能做到对危险因素的识别、消除和控制。另一方面，要采取全方位、多层次的事故预防措施，实现全面、全员、全过程的安全管理。如何及时获取系统的动态信息呢？坚持反馈原则，即把各因素的行为结果传回决策机构，实现系统动态控制。

如何保证反馈结果被及时处理了呢？这就需要封闭原则，即任何一个系统的管理手段、管理过程必须构成一个连续封闭的回路。比如在企业开展安全检查活动，不仅要排查事故隐患，下发整改指令单，明确整改日期和整改责任人，还需要回查，确定事故隐患已经整改了。

对于稍微复杂的系统而言，以上工作的有序开展，并不是简单的事情，需要首先确定整体目标，然后把目标分解，分解后组织之间相互协作，才能顺利进行。这就是整分合原则。也就是说为了实现高效的管理，必须在整体规划下明确分工，在分工基础上进行有效的综合。整体而言，整体把握是前提，科学分工是关键，组织综合是保证。

2.4.2 人本原理

人本原理是指管理者要达到组织目标，一切管理活动都必须以人为中心，以人的积极性、主动性、创造性地发挥为核心和动力来进行。核心思想就是以人为本。

人不是单纯的经济人，而是复杂的社会人，如何在尊重人的基础上，激发人的主动性、积极性呢？一方面可以采取措施，激发人的内在动力，主动干工作。另一方面，可以通过外部激励，提高人的积极性。当然，人只有工作激情还不够，还需要人的能力与工作需要相匹配。需要根据人的能量大小安排工作。为此，人本原理需要遵守：动力原则、激励原则、能级原则、行为原则。

（1）动力原则。动力原则，是指管理必须有强大的动力，而且要正确地运用动力，才能使管理运动持续而有效地进行下去，即管理必须有能够激发人的工作能量的动力。

现代管理学理论总结了三个方面的动力来源：物质动力是不可或缺的根本动力，其以适当的物质利益刺激人的行为动机；精神动力运用理想、信念、鼓励等精神动力刺激人的行为动机。它不仅可以补偿物质动力的缺陷，其自身也有巨大的威力。在现代化生产中，科学的管理离不开信息的传递，信息动力通过信息的获取与交流产生奋起直追或领先他人的动机。

（2）激励原则。激励原则，是指以科学的手段，激发人的内在潜力，充分发挥出积极性和创造性。在管理中即利用某种外部诱因的刺激调动人的积极性和创造性。

人发挥其积极性的动力主要来自三个方面：一是内在动力，指人本身具有的奋斗精神；二是外在压力，指外部施加于人的某种力量；三是吸引力，指那些能够使人产生兴趣和爱好的某种力量。

（3）能级原则。能级原则，是指一个稳定而高效的管理系统必须要由若干分别具有不同层次有规律地组合而成的。能级原则根据人的能力大小，赋予相应的权力和责任，使组织的每一个人都各司其职，以此来保持和发挥组织的整体效用。

（4）行为原则。现代管理心理学强调，需要与动机是决定人的行为之基础，人类的行为规律是需要决定动机，动机产生行为，行为指向目标，目标完成需要得到满足，于是又产生新的需要、动机、行为，以实现新的目标。掌握了这一规律，管理者就应该对自己的下属行为进行行之有效的科学管理，最大限度发掘员工的潜能。

2.4.3 强制原理

激发人的积极行为的同时，需要约束人的负面行为。安全管理过程中，采取强制管理的手段控制人的意愿和行为，使个人的活动、行为等受到管理要求的约束，从而有效地实现管理目标，这就是强制原理。

强制原理需要遵守两个原则：安全第一原则、监督原则。当生产和其他工作与安全发生矛盾时，要以安全为主，生产和其他工作要服从安全，这就是安全第一原则。对企业生产中的守法和执法情况进行监督，追究和惩戒违章失职行为，这就是安全管理的监督原则。

2.4.4　预防原理

“安全第一，预防为主，综合治理”。通过有效的管理和技术手段，减少和防止人的不安全行为、物的不安全状态，从而使事故发生的概率降到最低，这就是预防原理。预防原理需要遵守的原则有：偶然损伤原则、因果关系原则、3E 原则、3P 原则、本质安全化原则。

事故后果以及后果的严重程度都是随机的。反复发生的同类事故，并不一定产生完全相同的后果，这就是事故损失的偶然性。海因里希法则（即 1∶29∶300 法则）指出事故与伤害后果之间存在着偶然性的概率关系。偶然损失原则说明：在安全管理实践中，一定要重视各类事故，包括险兆事故。

因果关系原则是指事故的发生是许多因素互为因果连续发生的最终结果，只要诱发事故的因素存在，发生事故是必然的。为此要重视事故原因，吸取事故经验，切断事故因素的因果关系链环，消除事故发生的必然性。

经过长期的发展，人们预防事故形成了一定思路。可以采取工程技术、教育、强制对策，即 3E 原则；可以采取事前预防、事中应急、事后教训的思路，即 3P 原则；可以使设备、设施或技术工艺含有内在的防止事故发生的功能，称为本质安全化原则。

2.4.5　责任原理

以上所有安全管理工作的开展都离不开人，只有组织和个人负责，安全管理工作才能做好。管理工作必须在合理分工的基础上，明确规定组织各级部门和个人必须完成的工作任务和相应的责任，这就是责任原理。责任原理在安全管理很多地方都有体现：安全生产责任制、事故责任问责制。

习　题

PDF 资源：
第 2 章习题答案

一、单选题

1. 通常把既没有造成人员伤亡也没有造成财产损失的事故称为（　　）。
   A. 轻微事故　　B. 一般事故
   C. 非责任事故　　D. 未遂事故
2. 某省 2020 年度发生不期望的机械事件共计 6600 起，依据海因里希法则判断，该省在 2020 年度可能发生机械伤害的轻伤事故是（　　）起。
   A. 20　　B. 580　　C. 1060　　D. 6000
3. 海因里希事故因果连锁理论认为，伤亡事故的发生不是一个孤立的事件，尽管伤害可能在某瞬间突然发生，却是一系列事件相继发生的结果。其借助于多米诺骨牌形象地描述了事故的因果连锁关系，即遗传及社会环境-人的缺点-不安全行为或不安全状态-事故-伤害。企业安全工作的重心是控制（　　）。
   A. 遗传及社会环境　　B. 人的缺点
   C. 不安全行为或不安全状态　　D. 伤害
4. 能量意外转移理论认为，在一定条件下，某种形式的能量能否造成人员的伤害取决于能量大小、接触能量时间的长短和频率，以及（ ）。

A. 人的健康状况 B. 生产能量的原因

C. 力的集中程度 D. 事故的类别

5. 轨迹交叉理论强调人的因素和物的因素在事故致因中占有同样重要的地位。轨迹交叉论将事故的发生发展过程描述分为（ ）。

A. 遗传环境→人的缺点→不安全行为、不安全状态→事故→伤亡

B. 管理失误→个人原因→不安全行为、不安全状态→事故→伤亡

C. 基本原因→直接原因→间接原因→事故→伤害

D. 基本原因→间接原因→直接原因→事故→伤害

6. 为了保证企业组织结构的稳定性和管理的有效性，某企业根据甲、乙、丙三位职工的从业经验和能力等综合因素分析，对三位职工岗位进行了重新调整，这种调整符合安全生产管理原理的（ ）。

A. 整分合原则 B. 能级原则

C. 3E 原则 D. 激励原则

7. 若某企业职工能够抵制违章指挥，从而避免了工伤事故的发生，企业管理部门及时对违章负责人进行相应的批评和处罚，并对坚持不违章的职工给予表扬和奖励，这种管理方法主要应用的基本原则是（ ）。

A. 行为原则 B. 动力原则

C. 激励原则 D. 监督原则

8. 某市金属矿山企业发生一起严重透水事故，市应急管理部门要求该市所有金属矿山企业一律停产，全面开展隐患排查，经安全评估并验收合格后，方可恢复生产，该种做法，符合安全生产管理原理的（ ）。

A. 动态相关原则 B. 监督原则

C. 行为原则 D. 能级原则

二、多选题

9. 美国铁路列车安装自动连接器之前，每年都有数百名铁路工人因工作时精力不集中死于车辆连接作业，而装上自动连接器后，虽然偶尔有伤人事件发生。但死亡人数大幅下降。根据轨迹交叉事故致因理论，自动连接器的应用消除了（ ）。

A. 人的行为缺陷 B. 作业环境的缺陷

C. 设计上的缺陷 D. 使用上的缺陷

E. 管理上的缺陷

10. 根据能量意外释放理论，可将伤害分为两类：第一类伤害是由于施加了超过局部或全身性损伤阈值的能量引起的伤害；第二类伤害是由于影响了局部或全身性能量交换而引起的伤害，下列危害因素中，属于第二类伤害的有（ ）。

A. 中毒 B. 窒息 C. 冻伤 D. 烧伤

E. 触电

11. 按照能量意外释放理论观点，预防伤害事故主要是防止能量或危险物质的意外释放，防止人体与过量的能量或危险物质相接触。关于防止能量意外释放的措施主要包括（ ）。

A. 防止能量积蓄 B. 设置屏蔽设施

C. 开辟释放能量的渠道 D. 减少管理缺陷

E. 改变工艺流程

12. 在安全生产管理中，运用人本原理的原则有（ ）。

A. 安全第一原则 B. 整分合原则

C. 动力原则　　D. 激励原则

E. 能级原则

13. 某危险化学品企业结合职工素质和行业生产特点，提出了要服从安全，违反操作规程一律待岗的红线。这种说法符合强制原理的（　　）。

A. 安全第一原则　　B. 3E 原则

C. 动力原则　　D. 监督原则

E. 整分合原则

14. 某危险化学品公司要求提高各安全生产管理人员的专业能力，掌握相关安全生产管理的原理与原则，做到理论与实践相结合。下列关于安全生产管理原理与原则的学习总结中，正确的包括（　　）。

A. 在进行生产和其他工作时把安全工作放在一切首要位置，属于预防原理的本质安全化原则

B. 管理人员及时处理、掌握生产中的各种安全信息，并学习新增、修订的危化品行业的安全法规，以便更好地指导生产，属于系统原理中的反馈原则

C. 企业负责人统筹安排人力、资金等资源，同时将安全生产管理人员分成工艺、设备类等检查小组，小组之间相互配合以实现企业安全生产检查任务、保证安全的整体目标，属于系统原理中的整分合原则

D. 操作人员是安全生产管理中的重要一环，将安全生产工作重点放在防治人的不安全行为上，属于预防原理的 3E 原则

E. 危化品事故后果的严重程度难以预测，因此必须做好预防工作，属于偶然损失原则

PDF 资源：
第 2 章案例分析
参考答案

三、案例分析

任务名称	运用事故致因理论进行案例分析
任务目标	1. 能够运用事故因果连锁理论进行案例分析。 2. 能够运用能量意外转移理论进行案例分析。 3. 能够运用瑟利模型进行案例分析。 4. 能够运用劳伦斯模型进行案例分析。 5. 能够运用轨迹交叉理论进行案例分析。 6. 能够运用综合论进行案例分析
具体任务	**【事故案例 1】** 一天上午，某建筑公司 1 名瓦工和其他 3 人站在宿舍楼 6 层两阳台中间搭设的毛竹脚手架上浇筑阳台混凝土，由于没有专门搭设卸料平台，吊运的混凝土只好卸在该脚手架上临时铺设的钢模板上。8 时 49 分左右，当第三斗混凝土卸在钢模上时，这名瓦工上前清理料斗时，脚手架右侧内立杆突然断裂钢模板滑落，瓦工随钢模板坠落到地面，脑部和内脏严重摔伤，经抢救无效死亡。 试运用事故因果连锁理论分析导致事故发生的直接原因、间接原因，并提出相应安全措施。 **【事故案例 2】** 某年 7 月 22 日，某化工厂租用某运输公司一辆汽车槽车，到铁路专线上装卸外购的 46.5 t 甲苯，并指派仓库副主任、厂安全员及 2 名装卸工执行卸车任务。约 7 时 20 分，开始装卸第一车。由于火车与汽车槽车约有 4 m 高的位差，装卸直接采用自流方式，即用 4 根塑料管（两头橡胶管）分别插入火车和汽车槽车，依靠高度差，使甲苯从火车罐车经塑料管流入汽车罐车。约 8 时 30 分，第一车甲苯约 13.5 t 被拉回仓库。约 9 时 50 分，开始装卸第二车。汽车司机将车停放在预定位置后与安全员到离装卸点 20 m 的站台上休息。1 名装卸工爬上汽车槽车，接过地上装卸工递上来的装卸管，打开汽车槽车前后 2 个装卸孔盖，在每个装卸孔内放入 2 根自流式装卸管。4 根自流式装卸管全部放进汽车槽罐后，槽车顶上的装卸工因天气太热，便爬下汽车去喝水。人刚走离汽车约 2 m 远，汽车槽车靠近尾部的装卸孔突然发生爆炸起火。爆炸冲击波将 2 根塑料管抛出车外，喷洒出来的甲苯致使汽车槽车周边一片大火，2 名装卸工当场被炸死。约 10 min 后，消防车赶到。经 10 多分钟的扑救，大火被全部扑灭，阻止了事故的进一步扩大，火车槽基本没有受损害，但汽车已全部烧毁。

续表

<table>
<tr><td>具体任务</td><td>据调查，事发时气温超过 35 ℃，当汽车完成第一装卸任务并返回火车装卸站时，汽车槽罐内残留的甲苯经途中 30 多分钟的太阳暴晒，已挥发到相当高的浓度，但未采取必要的安全措施，直接灌装甲苯。没有严格执行易燃、易爆气体灌装操作规程（灌装前槽车通地导线没有接地，也没有检测罐内温度）。
试运用能量意外转移理论分析导致事故发生的直接原因、间接原因，并提出相应安全措施。
【事故案例 3】
在一生产作业场所林某下到 800 m 斜井未上来，带班领导王某要张某、李某去营救，安全员栗某认为此时 CO 报警器响起，井下情况未明，不适宜下井救人，但带班领导王某执意不听，张某、李某下井后相继倒下，王某又命令魏某、唐某继续下井救人。魏某、唐某下井后也未上来，这时 20 多名工人不顾自身安危，在王某的带领下营救工友。最后毒气扩散，20 多名工人相继倒下。消防队员赶来将他们送到医院。事故共导致 27 名工人死亡。
试运用瑟利模型分析导致事故发生的直接原因、间接原因，并提出相应安全措施。
【事故案例 4】
某煤矿井下共有 91 人作业，掘进一队 15 人到达掘进头后，瓦检员冯某某测得瓦斯超限，队长发现风筒不正，班长王某某把风筒摆正后，通风一段时间后测量瓦斯已下降，就开始作业。风筒再次脱位，在打了八个眼后，瓦斯又超限，把风筒摆正后，吹了 10 min，放了第一茬炮。6 ~7 min 后打第二茬炮眼，打了两个，再打第三个时，发现煤电钻发火。孙某某把电钻放到地板上，去找电工修理，临走时对大家说：“你们千万别动，免得出大乱子。”孙某某离开 30 min 左右，发生了瓦斯爆炸事故。爆炸产生了大量浓烟，波及下山绞车房、大巷，冲击波将许多风门冲坏，绞车上的金属片鼓形控制器吹出 30 m 外，事故死亡 45 人，伤 11 人。
试运用劳伦斯模型分析导致事故发生的原因。
【事故案例 5】
某矿处于基建期，正在进行混合井、回风井间的巷道贯通工程施工。设计在还未施工的井下 400 m 中段距回风井井筒 100 m 外的石门巷设立爆破器材发放站，设计存放炸药不超过 0. 5 t、雷管不超过 1000 发，炸药和雷管采用 250 mm 厚砖墙或混凝土墙隔开存放。但巷道施工单位长期违规将炸药、导爆索雷管混存在回风井一中段同一区域内，并堆放大量纸箱等可燃易燃物。事故发生当天五彩龙公司回风井一中段剩余炸药 1928 kg、雷管 3008 发，导爆索 800 m。
1 月 10 日，施工队在向回风井六中段下放启动柜时，发现启动柜无法放入罐笼，施工队负责人李某安排员工唐某和王某直接用气焊切割掉罐笼两侧手动阻车器，有高温熔渣块掉入井筒。
12 时 43 分许，公司项目部卷扬工陈某在提升六中段的该项目部凿岩、爆破工郑某、魏某、卢某 3 人升井过程中，发现监控视频连续闪屏；罐笼停在一中段时，视频监控已黑屏。陈某于 13 时 4 分 57 秒将郑某等 3 人提升至井口。
13 时 13 分 10 秒，风井提升机房视频显示井口和各中段画面“无视频信号”，几乎同时，变电所跳闸停电，提升钢丝绳松绳落地，接着风井传出爆炸声，井口冒灰黑浓烟，附近房屋、车辆玻璃破碎。
公司项目部有关人员接到报告后，相继抵达事故现场组织救援。14 时 43 分许，采用井口悬吊风机方式开始抽风。在安装风机过程中，因井口槽钢横梁阻挡风机进一步下放，唐某用气焊切割掉槽钢，切割作业产生的高温熔渣掉入井筒。15 时 3 分左右，井下发生了第二次爆炸，井口覆盖的竹胶板被掀翻，井口有木碎片和灰烟冒出。
试运用轨迹交叉理论分析导致事故发生的原因，并提出相应安全措施。
【事故案例 6】
某日某屠宰公司车间人数 395 人，计划屠宰加工肉鸡 3. 79 万只。6 时主厂房一车间女更衣室西面和毗邻的二车间配电室的上部电气线路短路，引燃周围可燃物。部分较早发现火情的人员进行了初期扑救，但火势未得到有效控制。火势逐渐在吊顶内由南向北蔓延，同时向下蔓延到整个附属区，并由附属区向北面的主车间、速冻车间和冷库方向蔓延。燃烧产生的高温导致主厂房西北部的 1 号冷库和 1 号螺旋速冻机的液氨输送和氨气回收管线发生物理爆炸，致使该区域上方屋顶卷开，大量氨气泄漏，介入了燃烧。主厂房内大量使用聚氨酯泡沫保温材料和聚苯乙烯夹芯板、吊顶内的空间大部分连通和氨气管道受热爆炸泄漏导致火灾快速蔓延。事故最后造成 121 人死亡、76 人受伤，17234 m^2 主厂房及主厂房内生产设备损毁，直接经济损失 1. 82 亿元。
试运用综合论分析导致事故发生的原因，并提出相应安全措施</td></tr>
</table>

3 安全管理职能方法

汉代桓宽的《盐铁论·忧边》提出：明者因时而变，知者随事而制。即聪明的人会根据时势的不同而改变行事策略，智慧的人会随着事情的不同而改变管理方法。为此，有必要理解安全计划管理、安全组织管理、安全领导管理、安全控制管理的含义，了解安全计划管理、安全组织管理、安全领导管理、安全控制管理的特点和发展历程，以便因时因事选择合理的职能方法，有机融合事故预防、应急措施、风险转移等安全措施。

【学习目标】

1. 理解计划、组织、领导、控制的含义。
2. 明确安全计划管理的编制步骤和内容。
3. 理解安全组织的形式。
4. 了解安全领导理论和安全系统的控制原则。

【思维导图】

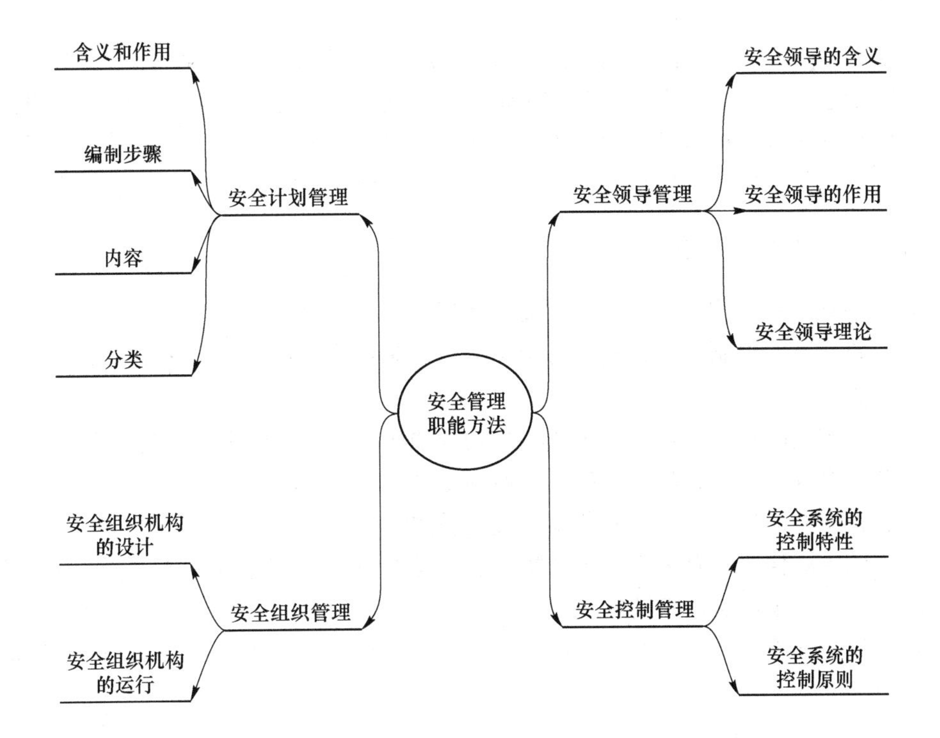

3.1　安全计划管理

视频资源：
3.1　安全
计划管理

3.1.1　安全计划管理的含义

古人所谓“凡事预则立，不预则废”“运筹帷幄之中，决胜千里之外”说的实质就是计划。我们在生产、生活过程中需要制订各种各样的计划。比如培训计划、生产计划等。没有计划，工作、活动就没有方向，人财物就不能合理组合，很难实现预期目标。可以说：“没有计划的工作是空洞的。”

安全生产活动作为人类改造自然的一种有目的的活动，也需要在安全工作开始前确定目标，制订计划。安全管理中的计划和计划性，我们称之为安全计划管理。

3.1.2　安全计划管理的作用

安全计划管理在安全生产中发挥着重要作用：

（1）安全计划是安全决策目标实现的保证。安全计划将安全目标进行分解，并计划统筹人力、物力、财力，促使安全目标顺利实现。如果没有计划，实现安全目标的行为就会杂乱无章，安全决策目标就很难实现。

（2）安全计划是安全工作的实施纲领。只有通过计划，才能使安全管理活动按时间、有步骤地顺利进行。离开了计划，安全管理的其他职能作用就会减弱，很难进行有效的安全管理。

（3）安全计划能够协调、合理利用一切资源，使安全管理活动取得最佳效益。当今时代，各行业呈现出高度社会化。在这种情况下，每一项活动中任何一个环节出现问题，都可能影响到整个系统的有效运行。安全计划能够统筹安排、经济核算，合理利用人力、物力、财力，有效地防止可能出现的盲目性和紊乱，使企业安全管理活动取得最佳效益。

3.1.3　安全计划的编制步骤

安全计划管理这么重要，如何编制安全计划呢？

首先调查研究。编制安全计划，必须弄清计划对象的客观情况，这样才能做到目标明确，有的放矢。

然后依据调查的情况，进行安全预测。安全预测的内容十分丰富，包括工艺安全状况预测、设备可靠性预测、事故发生的可能性预测等。

接着，根据充分的调查研究和科学的安全预测得到的数据和资料，提出安全目标，以及安全工作的主要任务，有关安全生产指标和实施步骤。即拟定计划方案。通常情况下，要拟定几个不同方案供决策者选择。

最后，广泛征求意见，修改计划，再征求意见，选择一个满意的计划。最终形成书面安全计划方案。

3.1.4　安全计划的内容

安全计划方案一般包括三部分内容：安全目标、安全措施、安全步骤。安全目标要准确无误地提出安全任务指标。安全措施主要指达到目标需要什么手段，动员什么条件，排除哪些困难。安全步骤就是工作程序和时间安排。

具体制订计划时，三要素的名称可能不同，措施和步骤也可能综合在一起说明。没有关系，但不论哪种编制方法，必须体现三个要素。大家可以上网查找一些安全生产计划，认真对照分析，从而学会灵活运用。

3.1.5 安全计划的形式

安全计划的内容要素具有一致性。但安全计划的形式却多种多样。

（1）按涉及的层次，安全计划可分为高层、中层、基层安全计划。高层安全计划一般是战略性计划，是对本组织事关重大的、全局性的、时间较长的安全工作任务的筹划。中层安全计划一般是由中层管理机构制定、下达或颁布的，一般是战术或业务计划。它规定基层组织或组织内部部门在一定时期的需要完成的安全工作任务，如何完成。基层安全计划是由基层执行机构制定、颁布和负责检查的计划，一般是执行性的计划。

（2）按时间跨度，安全计划可分为长期、中期和短期安全计划。长期安全计划期限一般为 10 年以上，又称为远景规划。中期安全计划期限一般为 5 年左右，可以较准确地衡量计划期各种因素的变动及其影响。短期安全计划包括年度计划和季度计划，是中、长期安全计划的具体实施计划和行动计划。

（3）按计划的明确性，安全计划可分为指令性安全计划、指导性安全计划。指令性安全计划是要求必须执行的计划。指导性安全计划是一种参考性执行计划。

（4）按计划的表现形式，安全计划可分为安全目标、安全战略、安全规划等。应急预案、安全法律法规、规章制度、事故调查程序等都是不同形式的安全计划。下面以应急预案为例进行说明。应急预案的编制包括 6 步：成立工作组、资料收集、危险源与风险分析、应急能力评估、应急预案编制、应急预案评审与发布。成立工作组、资料收集其实就是调查研究；危险源与风险分析、应急能力评估其实就是进行安全预测；应急预案编制就是拟定计划方案；应急预案评审与发布即为论证和择定计划方案，如表 3-1 所示。可以看出，应急预案的内容、编制程序，跟计划是一脉相通的。

表 3-1　安全计划和应急预案编制步骤对照表

项　　目	安 全 计 划	事故应急预案
编制步骤	调查研究	成立工作组
		资料收集
	安全预测	危险源与风险分析
		应急能力评估
	拟定计划方案	应急预案编制
	论证和择定计划方案	应急预案评审和发布

3.2 安全组织管理

视频资源：3.2 安全组织管理

组织一词有两个含义，一方面组织是名词，代表组织机构，比如企业、学校、社团等。另一方面组织是动词，代表组织过程，是对各种资源的有效配置。比如组织一次安全大检查活动。综合来讲，组织实际上就是设计一个组织机构，并使之运转的过程。

安全组织实际上就是设计一个安全组织机构，并使之运转的过程。为此我们需要掌握两方面的内容：安全组织机构的设计和安全组织机构的运行。

3.2.1 安全组织机构的设计

3.2.1.1 安全组织机构的设计要求

（1）合理的组织结构。划分任务，使任务部门化，从而形成组织结构。安全工作涉及面广，其纵向要形成一个自上而下指挥的、统一的安全生产指挥系统，横向要使企业的安全工作按专业部门分系统归口管理，层层展开，最终形成“横向到边、纵向到底”的安全工作体系。

（2）明确的责任和权利。各部门分别负责什么工作呢？需要明确各部门的责任和权利，称为“授权”。这里要注意“责权统一”。只有责任，没有权利，责任很难落实到位。只有权利，没有责任，就会出现滥用权力的行为。

（3）人员的选择和配备。部门的责任和权利由谁来执行呢？人。接着需要进行人员的选择与配备。要注意“人职匹配”，特别是专业安全技术人员和专业安全管理人员应该具备相应的安全专业知识能力。

（4）制定和落实规章制度。不同部门，甚至同一部门不同人员负责的工作可能也不同。需要制定和落实规章制度，明确人员的职责。

（5）内部和外部信息沟通。组织要正常运作，除了明确各自职责外，还需要沟通。内部之间沟通称为信息沟通，与外部的沟通称为“与外界沟通”。

基于以上要求，安全管理组织设计的任务是设计清晰的安全管理组织结构，规划和设计组织各部门的职能和职权，确定组织中安全管理职能、职权的活动范围并编制职务说明书。

3.2.1.2 安全组织结构的设计类型

如何设计清晰的安全管理组织结构呢？安全管理组织结构的类型不同，所产生的安全管理效果也不同。一般来说，安全管理组织结构分为以下几种类型：直线制结构、职能制结构、直线职能型结构、矩阵制结构。不同类型的组织机构，部门职责和职权范围不同。

A 直线制结构

直线制是一种最早也是最简单的组织形式，如图 3-1 所示。组织没有职能机构，从最高层到最基层，实行垂直领导。这需要领导者知识渊博。优点是沟通迅速；指挥统一；责任明确。缺点是管理者负担过重；难以胜任复杂职能。适用于小型组织。

B 职能制结构

随着企业的发展壮大，需要管理者懂管理、懂安全、懂财务等，管理者负担越来越

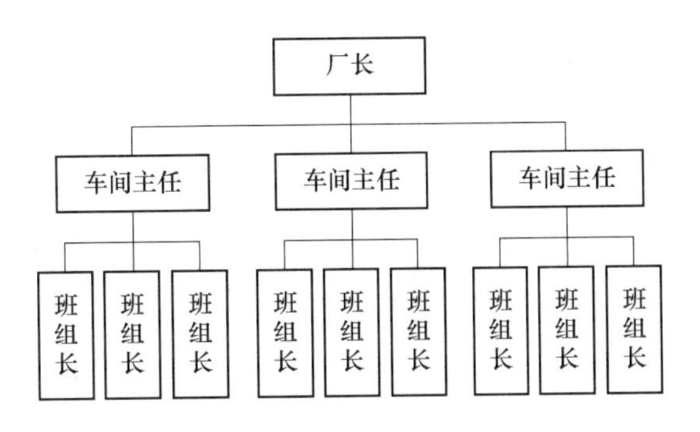

图 3-1 直线制结构

重，如何解决这一问题呢？职能制结构较好地解决了这一问题。在组织内设置若干职能部门，并都有权在各自业务范围内向下级下达命令，即各基层组织都接受各职能部门的领导。安全科管理安全、财务科管理财务，且均可以直接向下级下达命令，如图 3-2 所示。这充分发挥了专业管理职能的作用，减轻了主要管理者的压力。但新的问题又产生了，一个车间可能同时接到职能科室和厂长的指令，且指令内容不一致，给基层工作带来困扰，破坏了统一指挥的原则。因此，在实际中应用较少。

C 直线职能型结构

直线职能型结构同时解决了直线制结构和职能制结构的问题。在组织内部，既设置纵向的直线指挥系统，又设置横向的职能管理系统，以直线指挥系统为主体建立两维的管理组织（见图 3-3）。职能科室向上级提供建议，但不直接向下级下达指令。这样既保证组织的统一指挥，又加强了专业化管理，但直线人员与参谋人员关系难协调。

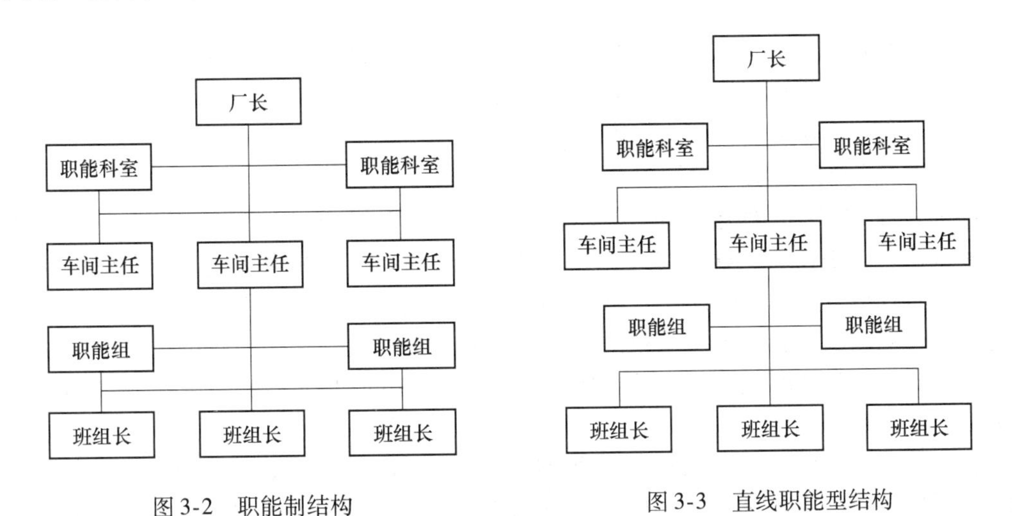

图 3-2 职能制结构

图 3-3 直线职能型结构

D 矩阵制结构

矩阵制结构便于讨论和应对一些意外的问题。按职能划分的纵向指挥系统与按项目组成的横向系统结合成的组织，纵横结合，有利于配合；人员组合富有弹性，如图 3-4 所示。比如企业发生重特大事故，从各个部门抽调人员形成应急工作组，加快了部门间的协调合作，能更好地完成工作。在这种组织结构中，员工受到原部门和临时部门的双重领导，任务完成后员工仍要回原岗位，很容易使人产生短期行为。

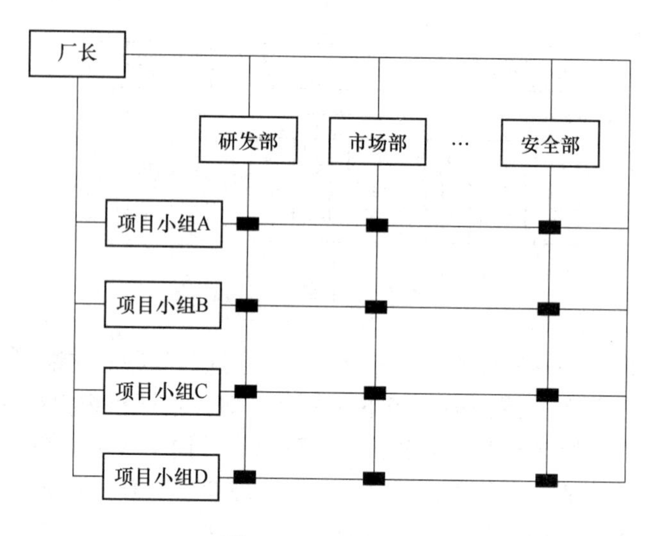

图 3-4　矩阵制结构

总的来说，每种组织结构都有自己的优点和缺点，企业需要根据自身发展需要选择合适的组织结构。同一行业、不同企业，组织的形式不完全相同。不同行业、不同规模的企业，安全工作组织形式不完全相同。同一企业处于不同时期，安全工作组织形式不完全相同。

3.2.2　安全组织机构的运行

安全组织机构建好后，安全组织机构如何运行呢？安全管理组织的运行过程，需要以有关的规章制度，进而以更深层次的安全文化进行约束；同时需要以完善和合适的绩效考核，以及合理、充足的安全投入作为保障。

3.2.2.1　安全管理组织运行的约束

（1）安全规章制度约束。安全管理组织的有效运行需要对各个方面的规章制度进行设计和规范，这是长期积累的结果。有关规章制度的制定范围应当包括安全管理组织结构、安全管理组织所承担的任务、安全管理组织运行的流程、安全管理组织人事、安全管理组织运行规范、安全管理决策权的分配等方面。在有关安全生产法律法规体系的指导下，通过安全规章制度的约束作用，把安全管理组织中的职位、组织承担的任务和组织中的人很好地协调起来。

（2）安全文化约束。保证安全管理组织的通畅运行及其效率，除了有关规章制度的约束作用外，更深层次的约束作用在于企业的安全文化。企业安全文化体现在企业安全生产方面的价值观以及由此培养的全体员工安全行为等方面。它是培养共同职业安全健康目标和一致安全行为的基础。安全文化具有自动纠偏的功能，从而使企业能够自我约束，安全管理组织得以通畅运行。

3.2.2.2　安全管理组织运行的保障

（1）绩效考核保障。安全管理组织运行保障中一个重要的内容是建立完善合适的绩效考核，通过较为详细、明确、合理的考核指标指导和协调组织中人的行为。企业制定了战略发展的职业安全健康目标，需要把目标分阶段分解到各部门各人员身上。绩效考核就是对企业安全管理人员及各承担安全目标的人员完成目标情况的跟踪、记录、考评。通过绩效考核的方式以增强安全管理组织的运行效率，推动安全管理组织有效、顺利地运行。

（2）安全经济投入保障。安全管理组织的完善需要合理、充足的安全经济投入作为保障。正确认识预防性投入与事后整改投入的等价关系，就需要了解安全经济的基本定量规律——安全效益金字塔的关系，即设计时考虑 1 分的安全性，相当于加工和制造时的 10 分安全性效果，而能达到运行或投产时的 1000 分安全性效果。这一规律指导人们考虑安全问题要具有前瞻性；要研究和掌握安全措施投资政策和立法，遵循“谁需要、谁受益、谁投资”的原则，建立国家、企业、个人协调的投资保障系统；要进行科学的安全技术经济评价、有效的风险辨识及控制、事故损失测算、保险与事故预防的机制，推行安全经济奖励与惩罚、安全经济（风险）抵押等方法，最终使安全管理组织的建立和运行得到安全经济投入的保障。有了充足的安全投入，安全管理组织才能有足够的资金、人力、物力等资源来保证安全管理组织活动的顺利开展和实施。

3.3　安全领导管理

视频资源：3.3　安全领导管理

安全组织机构的设计和安全组织机构的运行，保障了有组织、有人去完成任务。蛇无头不行，鸟无头不飞。在实际运行过程，总会面临多种工作方法或思路选择，这离不开领导的决策。企业对安全生产的重视与否、保障条件的好坏等，均与领导层面的人员密切相关。

3.3.1　安全领导的含义

领导一词是外来语，在汉语中使用时，该词有两层含义，一是名词，指领导者。二是动词，指领导者的领导行为。在这里我们仅指领导者的领导行为。

安全领导是安全领导者的领导行为。安全领导贯穿于安全管理活动的整个过程，安全领导者运用权力或威信对他人进行引导或施加影响，以使被领导者自觉地与领导者一起去实现安全目标。安全领导过程和效果受到安全领导者、被领导者和所处环境的影响，所以它是一个动态过程。

3.3.2　安全领导的作用

实现组织的安全运行目标是安全领导过程的最终目的。安全领导的作用可表现在企业组织安全运行行为的许多方面，可简单地分为组织作用和激励作用两个方面。

（1）组织作用。组织作用是指安全领导者必须根据企业的内外部因素，制定企业安全目标与决策，建立安全组织机构，科学合理地使用人力、物力、财力，实现最终安全生产目标。

人不是经济人，而是社会人。安全领导在发挥组织作用的同时，还需要发挥激励作用，调动被管理者的主动性、积极性、创造性。安全领导若不能发挥好激励作用，组织工作做得再好，也很难实现安全目标。

（2）激励作用。对于安全领导者而言，组织作用尚可借助他人的知识与能力实现，而激励作用则不能借助他人能力实现。为较好地发挥激励作用，安全领导者常用的激励手段包括以下四个：

1）职工“参与”激励。即发动职工参与制定安全目标和安全决策过程，增加企业安全目标与安全决策的透明度，提高职工接受和执行企业安全目标的自觉性与积极性。

2）安全领导者“榜样”激励。即安全领导者以身作则，表现出对安全问题的一贯重视和对安全价值的认识，这对于调动职工的安全生产积极性是至关重要的。

3）职工需要“满足”激励。即合理地满足职工的各层次的多种需要，激发职工实现组织安全目标的热情。

4）职工安全素质“提高”激励。即在领导的帮助下，职工提高自身素质和安全技能，从而以更安全的方式从事各项工作。

3.3.3 安全领导理论的内容

领导者具备什么样的特点或素质，能够发挥好组织和激励作用呢？20 世纪人们开始研究领导理论，先后提出了领导特质论、领导行为理论、领导权变理论。领导特质论是最早的领导理论，它关注领导者个人特性，并试图确定能够造就伟大管理者的共同特性。比如有些人认为个子高、身体壮的人相比而言更具权威性，而事实并非如此，即特质理论存在片面性。

20 世纪 40 年代，领导行为理论被提出，主要研究领导者应该做什么和怎样做才能使工作更有效。集中在两个方面：一是领导者关注的重点是什么，是工作的任务绩效，还是群体维系？二是领导者的决策方式，即下属的参与程度。

比如有些领导是专断型领导方式，关注任务绩效，下属参与程度低。有些是民主型领导方式，关注群体维系，下属参与度高。专断型和民主型之间的领导方式还有很多，到底哪种领导方式好呢？

随着理论的深入研究，人们发现不存在一种普遍适用、唯一正确的领导方式，只有结合具体情景，因时、因地、因事、因人制宜的领导方式，才是有效的领导方式。20 世纪 70 年代领导权变理论应运而生。其基本的观点是：有效的领导受领导自身、被领导者与外部环境的影响。

安全领导理论具有一定的特殊性，研究较晚。20 世纪 90 年代，工业心理学家才开始探究管理者的领导力行为与安全绩效的联系。同时由于国内外文化和环境的差异，国外的一些安全领导理论在国内出现了水土不服的情况。目前安全领导理论相对其他安全管理职能方法还有待发展。

3.4 安全控制管理

视频资源：3.4 安全控制管理

安全生产系统受到人、机、环等多种因素的影响，其发展方向具有多种可能性。生产过程中，为实现企业安全生产，也需要安全控制。行业不同，具体控制方法有所不同。但安全控制特性和控制原则基本相同。

3.4.1　安全系统的控制特性

（1）触发性和不可逆性。系统存在无事故状态和事故状态两种情况，系统从无事故状态到事故状态，往往是突然跃变的，即事故状态被触发。事故状态触发后，系统不可能从事故状态自动恢复到无事故状态，即事故状态具有不可逆性。

（2）系统的随机性。事故发生的时间、地点、严重程度等都是不确定的，事故的发生具有很大的随机性。

（3）系统的自组织性。安全系统的以上特点，为我们保持系统的无事故状态带来了较大难度。这需要安全控制系统具有一定的自组织性，管理机构和系统内各子系统能够审时度势按某种原则自行或联合有关子系统采取措施，控制危险。比如家用电器跳闸。

3.4.2　安全系统的控制原则

安全控制方式很多，在选择使用时，我们主要坚持以下原则：

（1）前馈控制。我国安全生产方针为“安全第一，预防为主，综合治理”。控制方式首选前馈控制，即对系统输入进行检测，以消除有害输入或针对不同情况采取相应的控制措施，以保证系统的安全。比如进入地铁、火车站前进行安检，查收危险物品。

（2）合理使用各种反馈控制方式。安全系统是动态的，有些危险不能被消除，为此安全系统还需要合理使用各种反馈方式。如局部状态反馈，对安全系统的各种状态信息实时检测，及时发现事故隐患，迅速采取控制措施防止事故的发生。事故后反馈，即在事故发生后，运用系统分析方法，找出事故发生的原因，将信息及时反馈到相关系统，并采取措施预防类似事故发生。负反馈控制，即发现某个职工或部门的安全工作上的缺点错误，对其进行批评、惩罚。正反馈控制，即对安全上表现好的职工或部门进行表扬、奖励。

（3）建立多级递阶控制体系。安全控制系统属于大系统反馈，在综合利用多种反馈控制的基础上，需要建立较完善的安全多级递阶控制体系，完成较复杂的控制任务。比如建立多级管理机构，上层督促下层贯彻执行有关方针、政策、规章制度等，提高下层的自组织能力。

（4）力争实现闭环控制。为提高工作效率，力争实现闭环控制。安全管理工作部署应当设法形成一种自动反馈机制。比如，首先通过建立规范，明确安全工作标准；开展安全检查，及时发现问题；针对发现的问题，及时向有关部门提出整改意见；在事后跟踪整改情况，确保整改到位；并根据发现的新情况，及时修订规范，逐渐完善工作规范。

设备闭环控制也是自动控制的核心。这里以消防喷淋系统为例进行说明，如图 3-5 所示。系统报警装置，在火灾发生时自动发出警报，自动控制的消防喷淋系统可以自动喷淋并且和其他消防设施联动工作，因此能有效控制、扑灭初期火灾。

安全控制管理是安全管理的重要职能方法，控制特性既服从控制论的一般规律，也有自己的特殊性。具体的控制方法形式多样，大家可以在深入理解控制原则的基础上，结合实际安全生产情况，选择合适的控制方法。

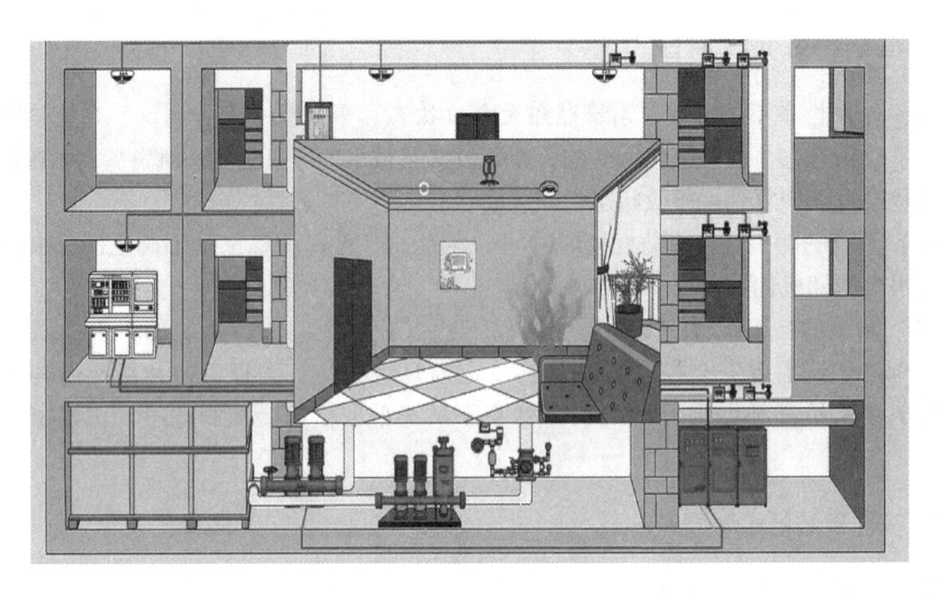

图 3-5 消防喷淋系统

PDF 资源：
第 3 章分析任务
分析建议

习 题

一、数字游戏

项 目	任 务 清 单
游戏目的	1. 在传递数字游戏的过程中，感受计划、组织、领导和控制在活动中的作用。 2. 感受环境或规则变化对游戏的影响
游戏步骤	1. 学生分成若干组，每组 5 ~ 8 人，每组选派一个人担任组长，选派一个人担任监督员。 2. 每组参赛的组员排成一列，每一列的监督员出列监督其他组遵守活动情况。 3. 老师宣读游戏规则。 4. 队列的最后一人到讲台处，老师将给每组一串数字，每组的数字有所不同（比如 369、986 等）。队列最后一人回到队列后，同时开始传递数字，并且让小组的第一个队员将这个数字写到讲台前的白纸上。 5. 传递数字准确的小组，按从快到慢的顺序加 10 分、9 分、8 分…… 6. 游戏共开三局，每局游戏结束后，马上分享游戏心得
游戏规则	1. 第一局游戏规则 （1）全过程不允许说话，后面一个队员只能够通过肢体语言向前一个队员进行表达； （2）人不能离开椅子，头不能向后转，后面人的手不能超过前面人的纵界面； （3）全程不能利用手机、笔等肢体以外的工具。 2. 第二局游戏规则 第二局游戏规则与第一局相同。但是在第一局结束后，大家分享游戏心得，组内传递数字的方式，小组可以进行调整。 3. 第三局游戏规则 无具体规则，只要把数字从最后一个人成功传到第一个人即可

二、分析任务

<table>
<tr><td>任务名称</td><td>分析安全管理组织结构</td></tr>
<tr><td>任务目的</td><td>1. 分析某企业组织结构类型；
2. 绘制我国应急管理组织结构图</td></tr>
<tr><td>任务内容</td><td>

1. 我国某企业的安全管理机构设置情况如图3-6所示。图中，实线为行政领导线，虚线为安全业务线。每名副总经理领导的每个部门和下级机构的对应部门都会形成一个直线业务系统，图中只是以安全业务为例，所以只画了安全业务线，其他业务直线没有画出。请问：（1）该企业的安全管理组织机构属于哪种类型？这种类型的组织结构具有什么特点？（2）2021年新《安全生产法》明确指出："管行业必须管安全、管业务必须管安全、管生产必须管安全。"基于此，该企业的安全管理机构可以做哪些改变？

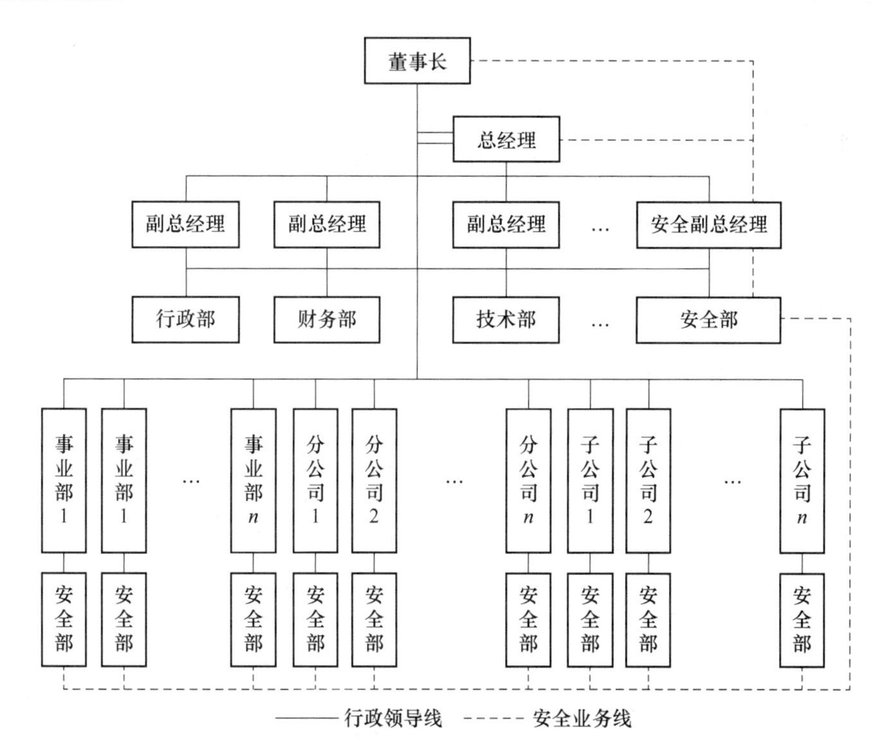

图3-6　我国某企业的安全管理组织结构

2. 2018年，我国整合13个部门的安全职责，组建应急管理部。请查阅应急管理部及安全生产监督管理相关部门的职责，试画出我国国家安全管理组织结构图？并能够口述其中的含义

</td></tr>
</table>

4 事故统计及分析

北宋哲学家、教育家程颢指出：万物皆有理，顺之则易，逆之则难。即世间万物都有自己的规律可循，顺着规律就会很容易，违反规律就会很难。对于不同区域、不同行业甚至不同车间而言，事故发生的原因和规律有所不同。如何找到事故规律，抓住安全工作的主要环节呢？事故统计及分析用数据展现了客观事实。

【学习目标】

1. 明确事故的分类及各分类的适用情形。
2. 明确事故经济损失、直接经济损失、间接经济损失的统计范围。
3. 掌握事故统计方法，并能运用事故统计图表进行事故分析。
4. 树立实事求是的态度。

【思维导图】

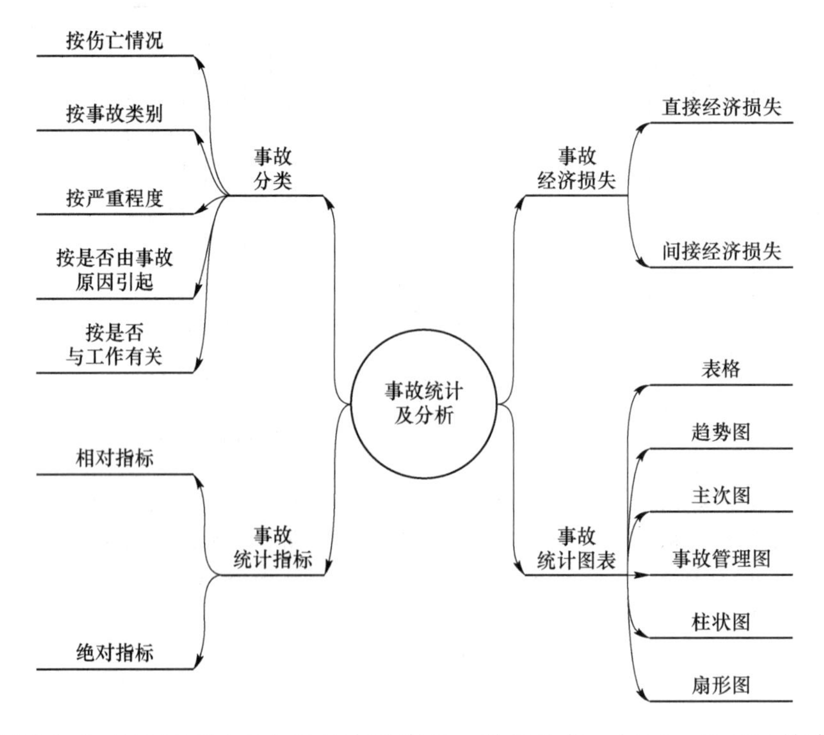

事故统计与分析是指通过对大量的事故资料、数据收集、加工、整理和综合分析，运用数理统计的方法研究事故发生的规律和分布特征。事故统计与分析过程中重点解决以下问题：(1) 对哪类事故进行分析？(2) 选取哪些指标反映事故情况？(3) 运用什么方法整理分析事故数据？

4.1 事故的分类

视频资源：4.1 事故的分类

目前事故的分类方式很多，这里主要介绍5种：按事故中人的伤亡情况进行分类、按事故类别分类、按事故严重程度分类、按是否由事故的原因引起的事故分类、按事故是否与工作有关分类。

4.1.1 按事故中人的伤亡情况进行分类

按照事故中人的伤亡情况，事故可以分为：一般事故、伤亡事故（见图4-1）。一般事故是指人身没有受到伤害或受伤轻微，或没有形成人员生理功能障碍的事故。伤亡事故是指造成人身伤害或急性中毒的事故。

伤亡事故按受伤害者的伤害程度，又分为三类：轻伤事故、重伤事故、死亡事故。其中：轻伤事故是指损失工作日为1个工作日以上（含1个工作日），105个工作日以下的失能伤害事故；重伤事故是指损失工作日等于或超过105天，小于6000天的失能伤害事故。死亡事故，是指事故发生后立即死亡（含急性中毒死亡）或负伤后在30日内死亡的事故。

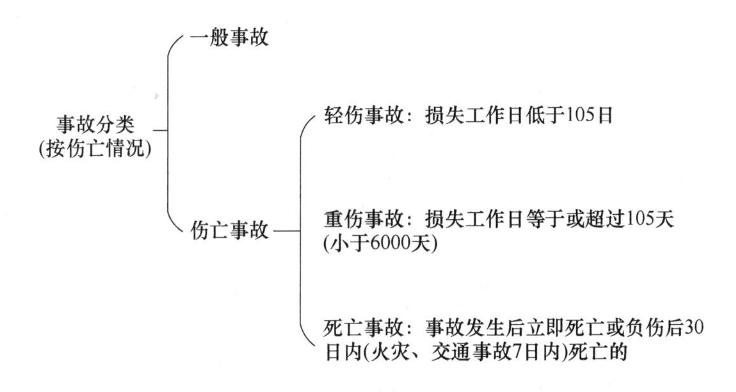

图4-1 事故按伤亡情况进行的分类

这里所指的损失工作日是指被伤害者失能的工作时间。这包括受伤害者因伤治疗、休养以及治愈后劳动能力丧失所折合的总天数，可在《事故伤害损失工作日标准》(GB/T 15499—1995）中查表得到。

海因里希在进行1：29：300法则的研究时，就利用了这种分类方式。当然对于不同的生产过程、不同类型的事故，上述比例关系不一定相同。安全管理过程中，按伤亡情况的分类方式，可以用于研究事故发生频率和严重程度的关系。比如：2001～2020年，我国地铁建设行业共发生事故336起，其中一般事故131起，轻伤事故17起，重伤和死亡188起，即地铁建设事故易造成重伤或死亡。为此施工企业、安全监管部门应采取一些方式，预测可能发生的故障，从而预防事故。

4.1.2 按致害原因分类

国家标准《企业职工伤亡事故分类》(GB 6441—86）按致害原因将事故分为20类。

（1）物体打击。指失控物体的惯性力造成的人身伤害事故。如落物、滚石、锤击碎裂、崩块、砸伤，不包括爆炸引起的物体打击。

（2）车辆伤害。指本企业机动车辆引起的机械伤害事故。包括挤、压、撞、颠覆等。

（3）机械伤害。指机械设备或工具引起的绞、碾、碰、割、戳、切等伤害。但不包括车辆、起重设备引起的伤害。

（4）起重伤害。指从事各种起重作业时发生的机械伤害事故，但不包括上下驾驶室时发生的坠落伤害和起重设备引起的触电以及检修时制动失灵引起的伤害。

（5）触电。电流流过人体或人与带电体间发生放电引起的伤害，包括雷击。

（6）淹溺。由于水大量经口、鼻进入肺内，导致呼吸道阻塞，发生急性缺氧而窒息死亡的事故。包括船舶、排筏、设施在航行、停泊、作业时发生的落水事故。

（7）灼烫。指强酸、强碱溅到身体上引起的灼伤，或因火焰引起的烧伤，高温物体引起的烫伤，放射线引起的皮肤损伤等事故；不包括电烧伤及火灾事故引起的烧伤。

（8）火灾。指造成人身伤亡的企业火灾事故。不包括非企业原因造成的、属消防部门统计的火灾事故。

（9）高处坠落。指由于危险重力势能差引起的伤害事故。适用于脚手架、平台、陡壁施工等场合发生的坠落事故，也适用于由地面踏空失足坠入洞、沟、升降口、漏斗等引起的伤害事故。

（10）坍塌。指建筑物、构筑物、堆置物等倒塌以及土石塌方引起的事故。不适用于矿山冒顶片帮事故及因爆炸、爆破引起的坍塌事故。

（11）冒顶片帮。指矿井工作面、巷道侧壁由于支护不当、压力过大造成的坍塌（片帮）以及顶板垮落（冒顶）事故。适用于从事矿山、地下开采、掘进及其他坑道作业时发生的坍塌事故。

（12）透水。指从事矿山、地下开采或其他坑道作业时，意外水源带来的伤亡事故。不包括地面水害事故。

（13）爆破。由爆破作业引起，包括因爆破引起的中毒。

（14）火药爆炸。指火药与炸药在生产、运输、储藏过程中发生的爆炸事故。

（15）瓦斯爆炸。指可燃性气体瓦斯、煤尘与空气混合形成的达到燃烧极限的混合物接触火源时引起的化学性爆炸事故。

（16）锅炉爆炸。指锅炉发生的物理性爆炸事故。包括使用工作压力大于0.07 MPa、以水为介质的蒸汽锅炉，但不包括铁路机车、船舶上的锅炉以及列车电站和船舶电站的锅炉。

（17）容器爆炸。指压力容器破裂引起的气体爆炸（物理性爆炸）以及容器内盛装的可燃性液化气在容器破裂后立即蒸发，与周围的空气混合形成爆炸性气体混合物遇到火源时产生的化学爆炸。

（18）其他爆炸。包括可燃性气体、煤气、乙炔等与空气混合形成的爆炸；可燃蒸气与空气混合形成的爆炸性气体混合物（如汽油挥发）引起的爆炸；可燃性粉尘以及可燃性纤维与空气混合形成的爆炸性气体混合物引起的爆炸；间接形成的可燃气体与空气相合，或者可燃蒸气与空气相混合遇火源而爆炸的事故。炉膛、钢水包、亚麻粉尘的爆炸等也属“其他爆炸”。

（19）中毒和窒息。指人接触有毒物质或呼吸有毒气体引起的人体急性中毒事故，或在通风不良的作业场所，由于缺氧发生的突然晕倒甚至窒息死亡的事故。

（20）其他。上述范围之外的伤害事故，如冻伤、扭伤、摔伤、野兽咬伤等。

需要注意的是：灼烫不包括电烧伤以及火灾事故引起的烧伤。高处坠落排除以其他类别为诱发条件的坠落。机械伤害属于车辆、起重设备的情况除外。比如，工人在高空实施电焊工作，不慎触电坠落。工人坠落是由触电诱发的，所以属于触电事故。

撰写事故调查报告、辨识危险有害因素时，常采用这种分类方式。

某企业安全评价报告片段（危险有害因素辨识结果）

根据该项目的工艺、设备、设施、物料等情况，对照《生产过程危险和有害因素分类与代码》和《企业职工伤亡事故分类》，该项目存在的主要危险、有害因素主要为：车辆伤害、机械伤害、起重伤害、物体打击、触电、灼烫、火灾、高处坠落、化学性爆炸、容器爆炸、中毒、窒息、噪声危害等。

其中，最主要的危险、有害因素为火灾、化学性爆炸和中毒。

4.1.3　按事故严重程度分类

为了规范生产安全事故的报告和调查处理，落实生产安全事故责任追究制度，防止和减少生产安全事故，根据生产安全事故造成的人员伤亡或者直接经济损失，《生产安全事故报告和调查处理条例》将事故分为以下四类：

（1）特别重大事故，是指造成30人以上死亡，或者100人以上重伤（包括急性工业中毒，下同），或者1亿元以上直接经济损失的事故；

（2）重大事故，是指造成10人以上30人以下死亡，或者50人以上100人以下重伤，或者5000万元以上1亿元以下直接经济损失的事故；

（3）较大事故，是指造成3人以上10人以下死亡，或者10人以上50人以下重伤，或者1000万元以上5000万元以下直接经济损失的事故；

（4）一般事故，是指造成3人以下死亡，或者10人以下重伤，或者1000万元以下直接经济损失的事故。其中：“以上”包含本数，“以下”不包括本数。

在安全工作中，事故调查报告的撰写、事故情况的新闻报道、安全生产情况统计等常采用这种分类方式。

福建省泉州市欣佳酒店“3·7”坍塌事故调查报告（第一段）

2020年3月7日19时14分，位于福建省泉州市鲤城区的欣佳酒店所在建筑物发生坍塌事故，造成29人死亡、42人受伤，直接经济损失5794万元。事发时，该酒店为泉州市鲤城区新冠肺炎疫情防控外来人员集中隔离健康观察点。

山东省青岛市“11·22”中石化东黄输油管道泄漏爆炸特别重大事故调查报告（第一段）

2013年11月22日10时25分，位于山东省青岛经济技术开发区的中国石油化工股份有限公司管道储运分公司东黄输油管道泄漏原油进入市政排水暗渠，在形成密闭空间的暗渠内油气积聚遇火花发生爆炸，造成62人死亡、136人受伤，直接经济损失75172万元。

4.1.4 按是否由事故的原因引起的事故分类

根据引起事故的原因分类，可将事故分为一次事故和二次事故。

（1）一次事故是指由人的不安全行为或物的不安全状态引起的事故。

（2）二次事故是指事故发生后，由于事故本身产生其他危害或者事故导致其他事故的发生，引起事故范围进一步扩大的事故。

俗话说，二次事故猛于虎。以某高速公路发生的交通事故情况为例，2012～2016年该高速公路发生的二次及以上交通事故起数、死亡人数、受伤人数、直接财产损失见表4-1。可以看出，较之第一次事故，二次事故危险性更大，造成的人身及财产损失更严重。同时二次事故形成的时间短，往往难以控制。为此，必须认识二次事故的危害性，采取相应的管理和技术措施，避免二次事故的发生。

表4-1 2012～2016年某高速二次交通事故统计表

年份	次数		死亡人数		受伤人数		直接财产损失	
	数量/次	占比/%	数量/人	占比/%	数量/人	占比/%	数量/元	占比/%
2012	148	46.00	19	54	52	72.00	1340715	70
2013	152	46.48	5	38	39	76.47	1358960	73
2014	126	46.15	13	41	26	65.61	1012310	76
2015	241	72.60	6	50	29	69.00	1562536	69
2016	273	70.17	9	38	19	73.07	1562535	70
合计	940	57.30	52	54.2	165	67.30	6530845	71

4.1.5 按事故是否与工作有关分类

按事故是否与工作有关，事故可以分为：工作事故、非工作事故。工作事故是指员工在工作过程中或从事与工作有关的活动中发生的事故。非工作事故是指员工在非工作环境中发生的人身伤害事故。

虽然非工作事故不在工伤范围内，但是这类事故引起的员工缺工，对于企业的劳动生产率也有很大影响。对于这类事故，一个最值得关注的因素就是员工们在企业的安全管理制度约束下，有较好的安全意识，但在非工作环境中，他会产生某种“放纵”，加上对某些环境的不熟悉，操作的不熟练，都成了事故滋生的土壤。例如，一个维修工人在工作中使用梯子时，他或他的同事会相应地按制度规定进行安全检查，如果违反制度规定就可能受到处罚。可在家中使用梯子，就不会感到制度的束缚，并且家中或邻居家的梯子一般很少使用，因而更易发生事故。

基于以上的分析可以看出，事故的分类方式很多，每种分类方式均来自安全管理的实际需要。为此，在事故统计分析时应首先确定统计目的，然后选择合适的事故分类方式。

4.2 事故统计指标

视频资源：4.2 事故统计指标

确定完事故类别后，选取哪些指标反映事故情况呢？目前，我国安全生产涉及工矿企业（包括商贸流通企业）、道路交通、水上交通、铁路交通、民航飞行、农业机械、渔业船舶等行业。各有关行业主管部门针对本行业特点，制定并实施了各自的事故统计报表制度和统计指标体系来反映本行业的事故情况。指标通常分为绝对指标和相对指标。

4.2.1 绝对指标

绝对指标又称总量指标，反映一定时间、地点条件下社会现象总体规模和总水平。安全生产领域的绝对指标主要有：事故起数、死亡人数、重伤人数、轻伤人数、直接经济损失、损失工作日等。

《中国统计年鉴》《中国安全生产年鉴》在统计我国事故情况时，均选用了发生数（起）、死亡人数、受伤人数、直接财产损失等指标。一般来说，我们用绝对指标衡量地区、行业或企业自身安全生产状况。比如，A、B企业2020年、2021年分别造成2人、1人死亡，通过死亡人数这个绝对指标，我们能比较A、B企业的安全生产状况吗？

添加一个信息，A企业的平均职工数为1000人，B企业的平均职工数为10000人，如表4-2所示。你觉得A、B企业的安全形势还一样吗？显然不一样。A企业2020年1000名员工有2名因安全生产事故死亡；B企业2020年10000名员工有2名因安全生产事故死亡。A企业安全状况相对B企业而言更糟。

表4-2 A、B两家企业安全生产情况

统计指标		2020年	2021年
死亡人数	A企业	2	1
	B企业	2	1
平均职工数	A企业	1000	1000
	B企业	10000	10000

从以上分析可以看出，若进行国家、行业、地区或企业之间的相互比较，相对指标更有优势。相对指标通过两个有联系的统计指标对比而得到，其具体数值表现为相对数。

4.2.2 相对指标

事故相对指标分为两类：伤亡事故频率、事故严重率。伤亡事故频率反映了事故发生的频次，事故严重率反映了事故发生的严重程度。

4.2.2.1　伤亡事故频率

伤亡事故频率用于反映企业生产过程中职工受事故伤害的情况（比率）。世界各国伤亡事故统计指标的规定不尽相同。我国的国家标准《企业职工伤亡事故分类》（GB 6441—86）规定，按千人死亡率、千人重伤率和伤害频率计算伤亡事故频率。

（1）千人死亡率指某时期平均每千名职工中，因工伤事故造成死亡的人数。计算公式为：

$$千人死亡率=\frac{死亡人数}{平均职工数}\times 10^3 \tag{4-1}$$

（死亡人数/平均职工数）代表了每名职工可能发生死亡的频次，现实计算过程中，该部分计算所得的数据较小，所以我们乘以1000，即平均每千名职工中因工伤造成死亡的人数。一些情况下，行业的死亡率很小，也可以求万人死亡率、十万人死亡率、百万人死亡率等。万人死亡率的求解公式为：

$$万人死亡率=\frac{死亡人数}{平均职工数}\times 10^4 \tag{4-2}$$

（2）千人重伤率指某时期平均每千名职工中，因工伤事故造成重伤的人数。计算公式为：

$$千人重伤率=\frac{重伤人数}{平均职工数}\times 10^3 \tag{4-3}$$

（重伤人数/平均职工数）代表了每名职工可能发生重伤的频次，计算所得的数据亦较小，所以乘以1000，即平均每千名职工中因工伤造成重伤的人数。

（3）伤害频率指某时期内平均每百万工时由于工伤事故造成的伤害人数。伤害人数指轻伤、重伤、死亡人数之和。计算公式为：

$$伤害频率=\frac{伤害人数}{实际总工时数}\times 10^6 \tag{4-4}$$

如果A、B企业千人重伤率相同，即重伤事故发生的频率相同，它们的安全形势相同吗？重伤指损失工作日为105个工作日以上（含105个工作日），6000个工作日以下的失能伤害。同样是重伤，A企业2017年的损失工作日可能为350天，而B企业的损失工作日为1000天。B企业2020年发生重伤2次，2021年发生重伤1次，频率下降，但损失工作日由1000天到2000天，反而上升了，如表4-3所示。为此还需要一些事故指标反映事故的严重度。

表4-3　A、B两家企业伤害频率情况

统计指标		2020年	2021年
重伤人数/人	A企业	2	1
	B企业	2	1
伤害频率	A企业	2/1000	1/1000
	B企业	2/1000	1/1000
损失工作日/d	A企业	350	120
	B企业	1000	2000

4.2.2.2 事故严重率

国家标准《企业职工伤亡事故分类》(GB 6441—86)规定，按伤害严重率、伤害平均严重率和按产品产量计算死亡率等指标计算事故严重率。

(1) 伤害严重率指某时期平均每百万工时，由于事故造成的损失工作日数。计算公式为：

$$伤害严重率 = \frac{总损失工作日数}{实际总工时数} \times 10^6 \tag{4-5}$$

国家标准中规定了工伤事故损失工作日算法，其中规定永久性全失能伤害或死亡的损失工作日为6000个工作日。

(2) 伤害平均严重率指受伤害的每人次平均损失工作日数。计算公式为：

$$伤害频率 = \frac{总损失工作日数}{实伤害人数} \tag{4-6}$$

(3) 按产品产量计算的死亡率。这种统计指标适用于以吨、立方米为产量计算单位的企业、部门。例如：

$$百万吨钢(煤)死亡率 = \frac{死亡人数}{实际产量(t)} \times 10^6 \tag{4-7}$$

$$万立方米木材死亡率 = \frac{死亡人数}{实际产量(m^3)} \times 10^4 \tag{4-8}$$

4.2.3 应用伤亡事故统计指标应注意的问题

按伯努利大数定律，只有样本容量足够大时，随机事件发生的频率才趋于稳定。观测数据量越少，统计出的伤亡事故频率和事故严重率的可靠性就越差。因此在实际工作利用上述指标进行伤亡事故统计时，应该设法增加样本的容量，可以从以下两个方面采取措施。

(1) 延长统计的时间。在职工人数较少的单位，可以通过适当增加观测时间来增加样本的容量。一般认为，统计的基础数字如果低于200000 h，则每年统计的事故频率将有明显波动，往往很难据此做出正确判断。当总工时数达到100万小时，可以得到较稳定的结果。在这种情况下才能做出较为正确的结论。

(2) 扩大统计的范围。事故的发生具有随机性，事故发生后有无伤害及其严重程度也具有随机性。并且根据海因里希法则，越严重的伤害出现的概率越小。因此，统计范围越小，即仅统计其伤害严重度达到一定程度的事故，则统计结果的随机波动性越大。例如，某企业连续3年伤亡事故死亡人数分别为20人、15人和10人。表面上看，3年中死亡人数从20人减少到10人，恰好减少了一半，但是死亡人数的减少也可能是随机因素造成的，却不能说明企业的实际安全状况发生了变化。可以说，对于规模不大的企业，用死亡人数来评价其安全状况是一种无谓的尝试。

从海因里希法则可知，伴随伤亡事故发生的还有数量要大得多的未遂事故。理论讲，只有将未遂事故、轻伤、重伤、死亡事故一并进行统计分析而且样本容量足够大时才能真正反映统计对象的安全生产现状与趋势。但由于未遂事故定义上的困难，我们一般可以把损失工作日不到1天的轻微伤害事故也统计进去以达到扩大样本容量的目的。

4.3 事故经济损失统计

视频资源：4.3 事故经济损失统计

《生产安全事故报告和调查处理条例》进行事故分类时，运用了死亡人数、重伤人数、直接经济损失等绝对指标。死亡人数、重伤人数的含义简单明了。但什么是直接经济损失？为什么用直接经济损失，而不用事故经济损失表征事故情况呢？这与事故经济损失的特点分不开。

事故一旦发生，往往造成设备设施破坏、人员伤亡、环境污染，给企业带来巨大的经济损失。这些损失有一些易于统计，比如物质破坏；有一些难以统计，比如环境污染。一般地，将容易直接统计出来的损失，称为直接经济损失；将比较隐蔽，不容易直接从财务账面查到的称为间接经济损失。伤亡事故经济损失可由直接经济损失与间接经济损失之和求出。

4.3.1 伤亡事故直接经济损失与间接经济损失的划分

4.3.1.1 国外对伤亡事故直接经济损失和间接经济损失的划分

在国外，特别在西方国家，事故的赔偿主要由保险公司承担。于是，把由保险公司支付的费用定义为直接经济损失，而把其他由企业承担的经济损失定义为间接经济损失。一些知名学者也提出了不同的观点。

（1）海因里希的观点。美国的海因里希认为伤亡事故的间接经济损失包括以下内容：1）受伤害者的时间损失；2）其他人员由于好奇、同情、救助等引起的时间损失；3）工长、监督人员和其他管理人员的时间损失；4）医疗救护人员等不由保险公司支付酬金人员的时间损失；5）机械设备、工具、材料及其他财产损失；6）生产受到事故的影响而不能按期交货的罚金等损失；7）按职工福利制度所支付的经费；8）负伤者返回岗位后，由于工作能力降低而造成的工作损失，以及照付原工资的损失；9）由于事故引起人员心理紧张，或情绪低落而诱发其他事故造成的损失；10）即使负伤者停工也要支付的照明、取暖费等每人平均费用的损失。

（2）西蒙兹的观点。美国的西蒙兹（R. H. Simons）提出，伤亡事故间接经济损失包的项目如下：1）非负伤者由于中止作业而引起的工作损失；2）修理、拆除被损坏的设、材料的费用；3）受伤害者停止工作造成的生产损失；4）加班劳动的费用；5）监督人员工资；6）受伤害者返回工作岗位后，生产减少造成的损失；7）补充新工人的教育、训练用；8）企业负担的医疗费用；9）为进行事故调查，付给监督人员和有关工人的费用；10）其他损失。

4.3.1.2 我国对伤亡事故直接经济损失和间接经济损失的划分

我国《企业职工伤亡事故经济损失统计标准》(GB 6721—86）把因事故造成人身伤亡及善后处理所支出的费用，以及被毁坏的财产的价值规定为直接经济损失；把因事故导致的产值减少、资源的破坏和受事故影响而造成的其他损失规定为间接经济损失。

伤亡事故直接经济损失包括：（1）人身伤亡后支出费用，其中包括医疗费用（含护理费用）、丧葬及抚恤费用、补助及救济费用、歇工工资；（2）善后处理费用，其中包括处理事故的事务性费用、现场抢救费用、清理现场费用、事故罚款及赔偿费用；（3）财产损失价值，其中包括固定资产损失价值、流动资产损失价值。

伤亡事故间接经济损失包括：(1) 停产、减产损失价值；(2) 工作损失价值；(3) 资源损失价值；(4) 处理环境污染的费用；(5) 补充新职工的培训费用；(6) 其他费用。

4.3.2　伤亡事故经济损失的计算

根据《企业职工伤亡事故经济损失统计标准》(GB 6721—86) 的规定，直接经济损失和间接经济损失的各部分是如何计算出来的呢?

(1) 医疗费用。它是指用于治疗受伤害职工所需费用。事故结案前的医疗费用按实际费用计算即可。对于事故结案后仍需治疗的受伤害职工的医疗费用，其总的医疗费按公式 (4-9) 计算，即

$$M = M_b + \frac{M_b}{P}D_c \tag{4-9}$$

式中　M——被伤害职工的医疗费，万元；

M_b——事故结案日前的医疗费，万元；

P——事故发生之日至结案之日的天数，天；

D_c——延续医疗天数，指事故结案后还须继续医治的时间，由企业劳资、安全、工会等按医生诊断意见确定，天。

上述公式是测算一名被伤害职工的医疗费，一次事故中多名被伤害职工的医疗费应累计计算。

(2) 补助费、抚恤费。被伤害职工供养未成年直系亲属的抚恤费累计统计到 16 周岁，普通中学在校生累计统计到 18 周岁。被伤害职工及供养成年直系亲属补助费、抚恤费累计统计到我国人口的平均寿命 68 周岁。

(3) 歇工工资。歇工工资按式 (4-10) 计算，即

$$L = L_a(D_a + D_k) \tag{4-10}$$

式中　L——被伤害职工的歇工工资，元；

L_a——被伤害职工日工资，元；

D_a——事故结案日前的歇工日，天；

D_k——延续歇工日，指事故结案后被伤害职工还须继续歇工的时间，由企业劳资、安全、工会等与有关单位酌情商定，天。

上述公式是测算一名被伤害职工的歇工工资，一次事故中多名被伤害职工工资应累计计算。

(4) 处理事故的事务性费用。处理事故的事务性费用包括交通费及差旅费、亲属接待费、事故调查处理费、器材费、工亡者尸体处理费等。按实际费用统计。

(5) 现场抢救费用。现场抢救费用包括清理事故现场尘、毒、放射性物质及其他危险和有害因素所需费用，整理、整顿现场所需费用等。

(6) 事故罚款和赔偿费用。事故罚款是指依据法律、法规，上级行政及行业管理部门对事故单位的罚款，而不是对事故责任人的罚款。赔偿费用包括事故单位因不能按期履行产品生产合同而导致的对用户的经济赔偿费用和因公共设施的损坏而需赔偿的费用。它不包括对个人的赔偿和因环境污染造成的赔偿。

（7）固定资产损失价值。固定资产损失价值包括报废的固定资产损失价值和损坏后有待修复的固定资产损失价值两个部分。前者用固定资产净值减去固定资产残值来计算；后者由修复费用来决定。

（8）流动资产损失价值。流动资产是指在企业生产过程中和流通领域中不断变换形态的物质，它主要包括原料、燃料、辅助材料、产品、半成品、在制品等。原料、燃料、辅助材料的损失价值为账面值减去残留值；产品、半成品、在制品的损失价值为实际成本减去残值。

（9）工作损失价值。工作损失价值可以按式（4-11）计算：

$$L = D\frac{M}{SD_0} \tag{4-11}$$

式中 L——工作损失价值，万元；

D——损失工作日数，死亡一名职工按6000工作日计算，受伤职工视伤害情况按《企业职工伤亡事故分类》(GB 6441—86）确定；

M——企业上年的利税，万元；

S——企业上年平均职工人数，人；

D_0——企业上年法定工作日数，天。

例题：

事故企业上年利税为5000万元，共有1000名员工，事故造成了50人受伤，企业上年的法定工作日为250天，受伤的50人共计总损失工作日数为2000天。

那么工作损失价值＝5000÷(1000×250)×2000＝400000元。

（10）资源损失价值。它主要是指由于发生工伤事故而造成的物质资源损失价值。例如，煤矿井下发生火灾事故，造成一部分煤炭资源被烧掉，另一部分煤炭资源被永久性冻结。物质资源涉及的因素较多，且较复杂，其损失价值有时很难计算，所以常常采用估算法来确定。

（11）处理环境污染的费用。它主要包括排污费、治理费、保护费和赔损费等。

（12）补充新职工的培训费用。补充技术工人，每人的培训费用按2000元计算；技术人员的培训费用按每人10000元计算。

伤亡事故经济损失的计算方法还有很多，比如海因里希算法、西蒙兹算法、辛克莱算法、斯奇巴算法等，这里不再一一介绍。

4.3.3 伤亡事故直接经济损失与间接经济损失的比例

如前面所述，伤亡事故间接经济损失很难被直接统计出来，于是人们就尝试如何由伤亡事故直接经济损失推算出间接经济损失，进而估计伤亡事故的总经济损失。

海因里希最早进行了这方面的研究工作。他通过对5000起伤亡事故经济损失的计分析，得出直接经济损失与间接经济损失的比例为1∶4。即伤亡事故的总经营损失为直接经济损失的5倍。这一结论至今仍被国际劳联（ILO）所采用，作为估算各国伤亡事故经济损失的依据。

如果把伤亡事故经济损失看作一座浮在海面上的冰山，则直接经济损失相当于冰山露出水面的部分，占总经济损失4/5的间接经济损失相当于冰山的水下部分，不容易被人们发现。

继海因里希的研究之后，许多国家的学者探讨了这一问题。人们普遍认为，由于生产条件、经济状况和管理水平等方面的差异，伤亡事故直接经济损失与间接经济损失的比例，在较大的范围之内变化。例如，芬兰国家安全委员会1982年公布的数字为1∶1；英国的雷欧普尔德（Leopold）等对建筑业伤亡事故经济损失的调查，得到的比例为5∶1；博德在分析20世纪七八十年代美国伤亡事故直接与间接经济损失时，得到间接经济损失最高可达直接经济损失的50多倍。

由于国内外对伤亡事故直接经济损失和间接经济损失划分不同，直接经济损失与间接经济损失的比例也不同。我国规定的直接经济损失项目中，包含了一些在国外属于间接经济损失的内容。一般来说，我国的伤亡事故直接经济损失所占的比例应该较国外大。根据对企业伤亡事故经济损失资料的统计，我国直接经济损失与间接经济损失的比例为1∶1.2～1∶2。

4.4　事故统计图表

视频资源：4.4　事故统计图表

经过统计调查获得的各类数据只有进行科学合理的综合分析才能发挥其应有的作用，而事故统计图表是进行综合分析的重要手段。事故统计图表按照表述形式不同，可分为表格、坐标图、结构图三大类。常用的坐标图包括：趋势图、主次图、事故管理图，常用的结构图包括：柱状图、扇形图等。

4.4.1　表格

表格是事故统计信息资料的分类列表展示形式。可展示各因素的变化趋势，也可以展示各因素之间的相关性。制定表格重点在于表述事故相关因素的形成与变化原因，展示不同事故相关因素的特征与差异。

表4-4为1994～2019年我国道路交通事故情况。通过表格可以分析1994～2019年事故起数的变化趋势，或死亡人数的变化趋势。也可以对比事故起数与死亡人数，查找两者之间的关系，即事故的严重度。

表4-4　1994～2019年我国道路交通事故情况

年份	事故起数/起	死亡人数/人	年份	事故起数/起	死亡人数/人
1994	253537	66362	2001	754919	105930
1995	271843	71494	2002	773137	109381
1996	287685	73655	2003	667507	104372
1997	304217	73861	2004	517889	107077
1998	346129	78067	2005	450254	98738
1999	412860	83529	2006	378781	89455
2000	616971	93853	2007	327209	81649

续表 4-4

年份	事故起数/起	死亡人数/人	年份	事故起数/起	死亡人数/人
2008	265204	73484	2014	196812	58523
2009	238351	67759	2015	187781	58022
2010	219521	65225	2016	212846	63093
2011	210812	62387	2017	203049	63772
2012	204196	59997	2018	244937	63194
2013	198394	58539	2019	200114	52388

4.4.2 趋势图

趋势图是一种折线图，适合于表现事故发生与时间的关系。它按照时间顺序对比不同时期的伤亡事故统计指标，展示伤亡事故发展趋势。

图 4-2 为 2010 ~ 2021 年我国百万吨煤死亡率变化趋势图。由图可以看出，2010 ~ 2021 年我国百万吨煤死亡率呈持续下降趋势。

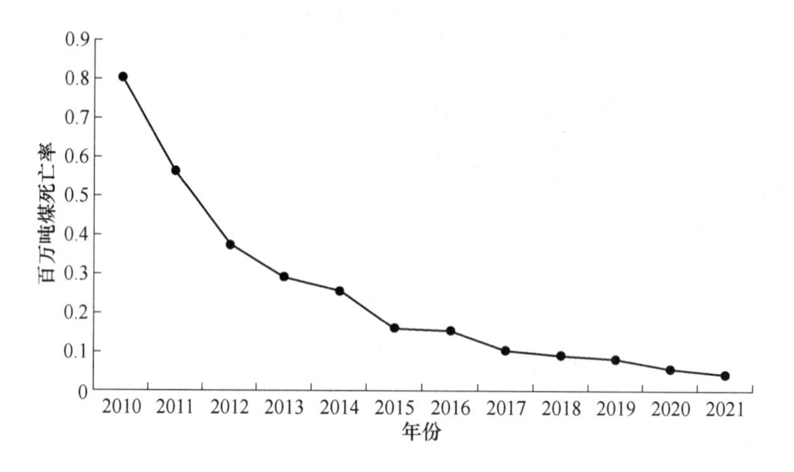

图 4-2 2010 ~ 2021 年我国百万吨煤死亡率变化趋势

4.4.3 主次图

主次图是为寻找主要问题或影响质量的主要原因所使用的图，是主次因素排列图的简称。绘制主次图时，把统计指标数值最大的因素排列在柱状图的最左端，然后按统计指标数值的大小依次向右排列，并以折线表示累计值（或累计百分比）。

图 4-3 为伤亡事故发生次数的主次图，由一个柱状图和一个折线图组成。首先观察柱状图，柱状图最左端的为发生次数最多的伤亡事故——物体打击，向右接着是发生次数第二多的伤亡事故——机具伤害，从左向右，事故的发生次数依次降低。观察折线图，从左向右折线第 1 个点代表了物体打击占总伤亡事故的比例，第 2 个点代表了物体打击和机具伤害占总伤亡事故的累计百分比，第 3 个点代表了物体打击、机具伤害和灼烫占总伤亡事故的累计百分比，一直到百分之百。

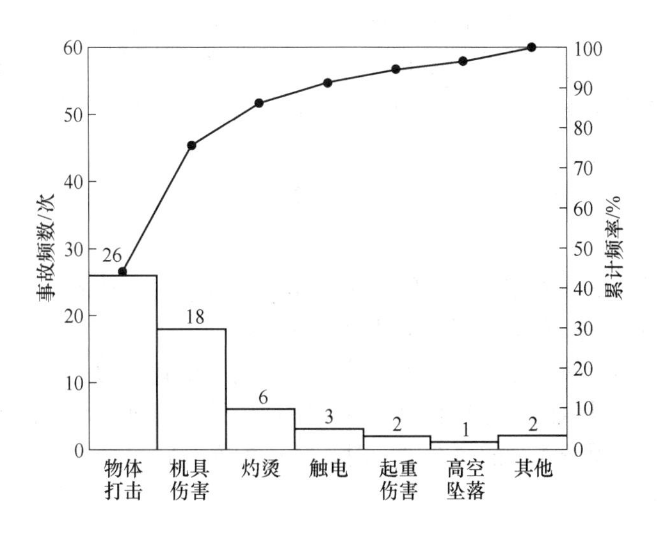

图 4-3 伤亡事故发生次数的主次图

从图 4-3 还可以看出，物体打击、机具伤害和灼烫占总伤亡事故的累计百分比已经接近 90%。即物体打击、机具伤害、灼烫是企业伤亡事故的主要类别，是事故预防工作的重点。为此，我们找企业主要问题或造成事故主要原因时，常用主次图。

4.4.4 事故管理图

事故管理图也称伤亡事故控制图，是实施安全管理中，为及时掌握事故发生情况进而预防伤亡事故发生，降低伤亡事故发生频率而经常使用的一种统计图表。

事故管理图是一个标有控制界限的坐标图，如图 4-4 所示。其横坐标为时间，纵坐标为管理对象（事故）的数值，中间的中心线为实线，上、下两条为虚线，上面的虚线叫控制上限，下面的虚线叫控制下限，控制对象的实际数据绘制在坐标图中。

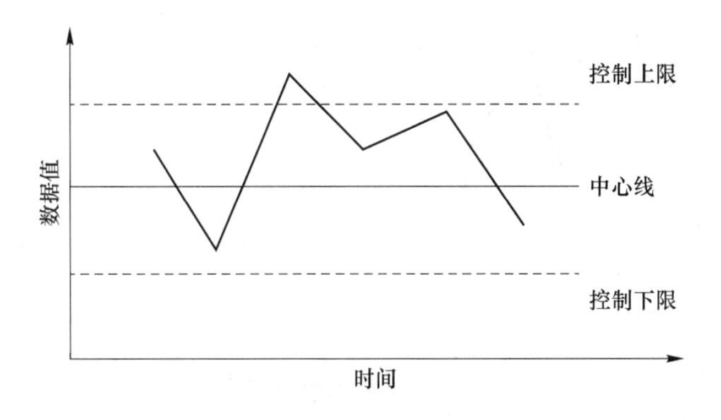

图 4-4 控制图格式

在实施安全管理时，把作为年度安全目标的伤亡事故指标逐月分解，确定月份管理目标。一般地，一个单位的职工人数在短时间内是稳定的，故往往以伤亡事故次数作为安全管理的目标值。

在一定时期内一个单位里伤亡事故发生次数的概率分布服从泊松分布，并且泊松分布的数学期望和方差都是 λ。这里 λ 是事故发生率，即单位时间里的事故发生次数。若以 λ 作为每个月伤亡事故发生次数的目标值，当置信度取 90% 时，按下述公式确定安全目标管理的上限 U 和下限 L：

$$U = \lambda + 2\sqrt{\lambda} \tag{4-12}$$

$$L = \lambda - 2\sqrt{\lambda} \tag{4-13}$$

在实际安全工作中，人们最关心的是实际伤亡事故发生次数的平均值是否超过安全目标。所以，往往不必考虑管理下限而只注重管理上限，力争每个月里伤亡事故发生次数不超过管理上限。当然，我们也可以根据经验判断确定安全管理的上限值。

正常情况下，各月份的实际伤亡事故发生次数应该在管理上限之内围绕安全目标值随机波动。当管理图出现图 4-5 的情况之一时，就认为安全状况发生了变化，需要查明原因并及时采取控制措施。

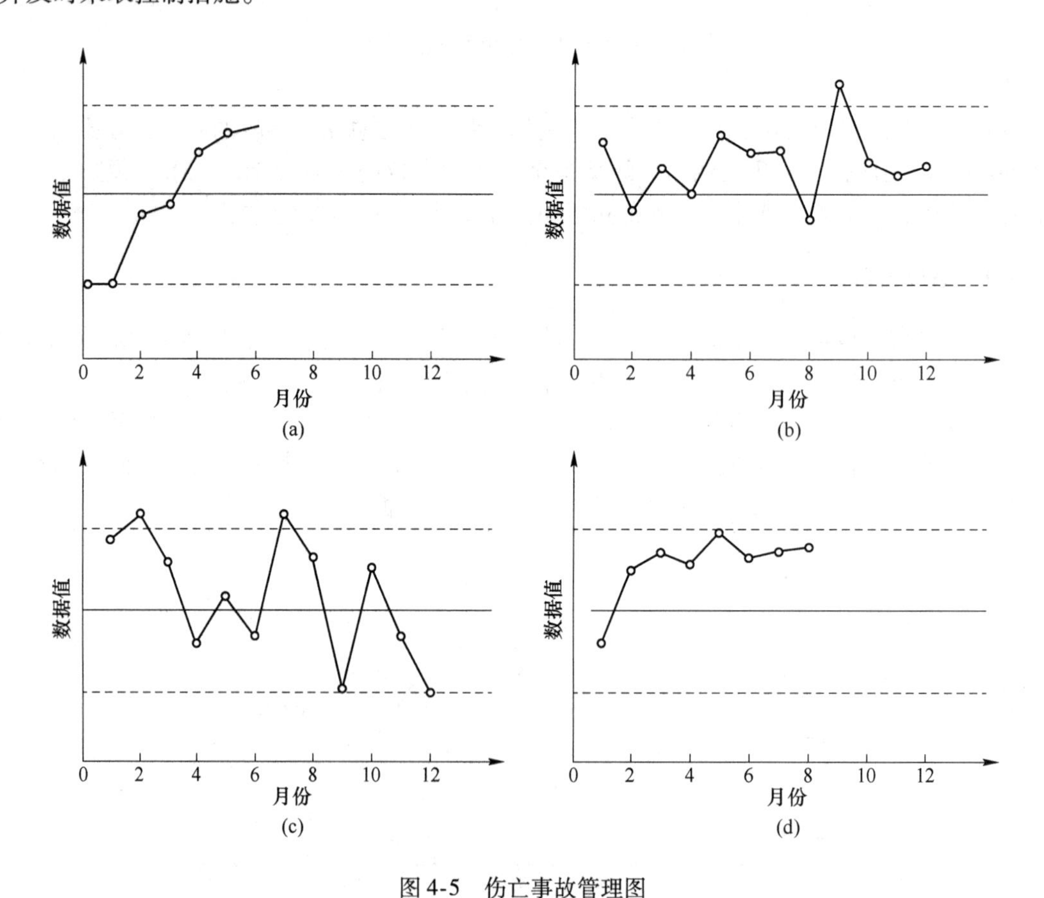

图 4-5 伤亡事故管理图

（a）多个数据点连续上升；（b）大多数数据点在目标值之上；（c）个别数据点超出了管理上限；（d）连续数点在目标值上

4.4.5 柱状图

柱状图以柱状图形来表示各统计指标的数值大小。柱状图可以描述事故相关因素的数量大小，还可以表述因素的变化趋势。

图4-6为2016～2022年我国煤矿不同类型事故的发生起数。从图中可以看出，瓦斯、顶板、运输、机电、水灾、火灾及其他不同类型事故的数量情况，也可直观地比较不同类型事故的大小。

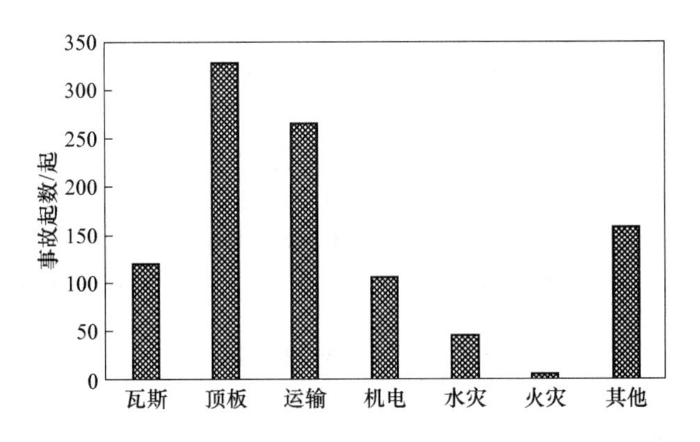

图4-6　2016～2022年我国煤矿事故按类型统计情况

4.4.6　扇形图

事故扇形图可以形象地反映事故发生的原因、种类、地点等在所发生的事故中所占的百分比。图4-7为瓦斯事故发生地点扇形图。可以看出，发生瓦斯事故频率最高的地点是采煤工作面，占44%，往下依次是井巷、掘进工作面、皮带道、其他，占比分别为28%、22%、5%、1%。

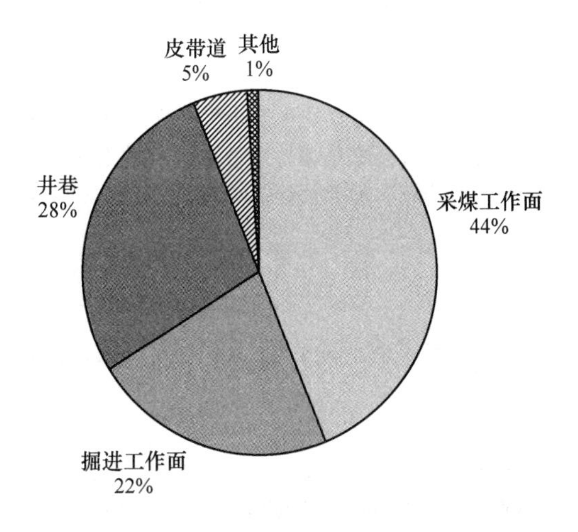

图4-7　瓦斯事故发生地点分布图

通过以上分析可以看出，常用的事故统计图表有表格、趋势图、主次图、事故管理图、柱状图、扇形图等。表格重点在于表述事故相关因素的形成与变化原因，展示不同事故相关因素的特征与差异。趋势图最适合于表现事故发生与时间的关系。主次图直观表现各种因素的重要程度。事故管理图协助企业及时掌握事故发生情况，进而采取措施，预防事故的发生。柱状图形象化地描述事故相关因素数量，表述其发展趋势。扇形图可以形象地反映事故发生的原因、种类、地点等在所发生的事故中所占的百分比。

习　题

PDF 资源：
第 4 章习题答案

一、单选题

1. 下列不属于按照事故造成的伤害程度对伤害事故进行分类的是（　　）。
   A. 轻伤事故　　B. 重伤事故
   C. 非伤亡事故　　D. 死亡事故
2. 起重机悬挂货物移动，此时钢丝绳断裂导致货物坠落，并砸伤地面工作人员，该事故分类属于（　　）。
   A. 起重伤害　　B. 机械伤害
   C. 高空坠落　　D. 车辆伤害
3. 某化工企业发生一起爆炸事故，造成 8 人当场死亡。爆炸后泄漏的有毒气体致使 85 人急性中毒，直接经济损失 4000 万元。这起生产安全事故是（　　）。
   A. 一般事故　　B. 较大事故
   C. 重大事故　　D. 特别重大事故
4. 有 A 和 B 两家建筑公司，A 公司的职工人数是 200 人，B 公司的职工人数是 500 人，A 公司在上一年度的施工作业中造成 2 名职工重伤，B 公司在上一年度的施工作业中造成 4 名职工重伤。A 公司和 B 公司上一年度的千人重伤率分别是（　　）。
   A. 1 和 4　　B. 5 和 8　　C. 6 和 7　　D. 10 和 8
5. 甲企业设机关部门 4 个，员工 24 人；生产车间 6 个，员工 450 人；辅助车间 1 个，员工 26 人。员工每天工作 8 h，全年工作日数 300 天。2019 年，甲企业发生各类生产安全事故 3 起，2 名员工死亡。甲企业 2019 年百万工时死亡率为（　　）。
   A. 2.06　　B. 1.75　　C. 1.67　　D. 1.53
6. 某市常住人口 12 万人，截至 2019 年底，全年发生安全生产伤亡事故 5 起，其中，火灾事故 1 起、死亡 2 人，特种设备事故 1 起、死亡 1 人，烟花爆竹事故 1 起、重伤 3 人，道路交通事故 1 起、轻伤 7 起，农机事故 1 起、轻伤 1 人，直接经济损失共计 760 万元。下列该市的事故统计指标中，正确的是（　　）。
   A. 千人重伤率 0.025　　B. 千人死亡率 0.016
   C. 百万人火灾死亡率 15.66　　D. 重大事故率 0.6
7. 某火灾事故造成一次死亡 5 人，按照《企业职工伤亡事故经济损失统计标准》（GB 6721—1986）进行计算，该起事故的总损失工作日是（　　）天。
   A. 15000　　B. 30000　　C. 50000　　D. 45000
8. 2019 年，某面粉厂发生爆炸事故，造成 3 人死亡，机器、厂房损毁。事故善后发生费用 40 万元，支付丧葬费 30 万元，抚恤金 360 万元，机器、厂房原值 280 万元。保险公司赔付人身意外伤害保险 360 万元，赔付机器、厂房 280 万元。事故调查结束后，地方政府有关部门对企业总经理处罚 2 万元，对企业处罚 50 万元。该事故直接经济损失是（　　）。
   A. 70 万元　　B. 140 万元　　C. 708 万元　　D. 760 万元

二、多选题

9. 2018 年某日，甲化工企业氯乙烯气柜泄漏，氯乙烯扩散至厂外区域遇火源发生爆炸，造成 24 人死亡、21 人受伤，38 辆大货车和 12 辆小型车损毁。根据伤亡事故的不同特点，事故严重程度、致害原因和伤亡情况分类。下列事故分类中，正确的有（　　）。

A. 按照严重程度，该事故是较大事故

B. 按照致害原因划分，该事故是其他爆炸事故

C. 按照伤亡情况划分，该事故是死亡事故

D. 按照致害原因划分，该事故是火灾事故

E. 按照伤亡情况划分，该事故是重大事故

10. 生产安全事故报告是安全生产工作的重要组成部分。事故报告是事故救援的重要前提，只有通过迅速、及时、准确的生产安全事故报告，才能在第一时间掌握事故情况、实施事故救援、控制事态发展，将事故损失和影响降到最低限度。下列事故中，属于重大生产安全事故的是（　　）。

A. 某企业发生中毒、窒息事故，死亡 8 人，重伤 10 人，经检验有 95 人有慢性中毒迹象，直接经济损失 4800 万元

B. 某工地发生坍塌事故，事故造成 15 人死亡，3 人重伤，间接经济损失 1 亿元

C. 某隧道发生交通事故，客车与货车相撞，造成 35 人死亡，15 人受伤，直接经济损失 1000 万元

D. 某医院发生传染病疫情，造成 13 人死亡

E. 某商场发生火灾事故，造成 3 人死亡，2 人受伤，直接经济损失 6000 万元

11. 某市为了科学准确地分析本市的安全生产状况，组织各生产经营单位开展生产安全事故统计工作，统计指标包括绝对指标和相对指标。下列生产安全事故统计指标中，属于相对指标的有（　　）。

A. 千人死亡率　　B. 损失工作日

C. 百万工时死亡率　　D. 百万吨死亡率

E. 亿客公里死亡率

12. 某家具厂发生火灾，加工车间厂房局部损毁，多台木工开料机、雕刻机报废，原材料、半成品、成品都有不同程度损失，所幸没有人员伤亡，清理、修复直至复工花费时间一个月。根据《企业职工伤亡事故经济损失统计标准》(GB 6721—86)，下列各项费用损失可以列入直接经济损失的是（　　）。

A. 停产期间企业盈利减少 120 万元

B. 木工开料机、木工雕刻机报废损失固定资产 320 万元

C. 加工车间厂房修复费用 80 万元

D. 政府对家具厂罚款 100 万元

E. 停工不停薪，照发停工一个月工资 60 万元

13. 下列各项中，可以计入间接经济损失的统计范围的内容有（　　）。

A. 停产、减产损失价值　　B. 工作损失价值

C. 资源损失价值　　D. 医疗费用

E. 现场抢救费用

分析任务

任务名称	分析某省近 10 年煤矿行业安全生产情况
任务目的	1. 掌握事故分类方式。 2. 理解不同事故指标的含义。 3. 能够综合运用多种文献检索方式，收集相关事故指标。 4. 能够绘制统计图表，反映某省近 10 年煤矿行业安全生产情况。 5. 能够结合事故致因理论，分析导致煤矿行业事故发生的原因

续表

具体任务	收集整理某省近10年煤矿行业事故指标数据，运用科学合理的统计图表，形象地反映煤矿行业安全生产情况，并分析导致煤矿行业安全形势向好（或不好）的原因
任务要求	（1）分析活动以小组的形式完成。由5～6人组成一个小组，其中组长1名。组长负责分配团队成员的任务，并将每个人的任务明确写在分析报告中。 （2）每一组选择一个省（自治区）的煤矿行业进行分析，比如山东、山西、内蒙古等。 （3）选择的事故指标既要包括绝对指标也要包括相对指标。 （4）尽量从《中国统计年鉴》《中国安全生产年鉴》《中国应急管理年鉴》《中国煤炭工业年鉴》等官方渠道获取分析数据。 （5）分析过程中运用2种或2种以上统计图表。 （6）一个团队统一上报一份分析报告，报告字数不少于2000字。报告包括封面、目录、正文和参考文献等。 （7）在分析报告的基础上，每个团队制作一份PPT汇报材料，课堂上从每个团队随机选择一位同学上台汇报
评价标准	表4-5 事故统计及分析作业评分标准（见下表）

表4-5 事故统计及分析作业评分标准

考核内容	评分标准					成绩占比/%
	90～100分	80～89分	70～79分	60～69分	<60分	
分析报告	结构完整 数据真实 内容饱满 逻辑清晰 格式规范	结构完整 数据真实 内容有所欠缺	结构完整 数据真实 错误较多	逻辑不清 格式不规范	数据虚假 未按时完成 事故分析报告	50
课堂汇报	逻辑清晰 表达规范 PPT整洁 仪态自然	逻辑清晰 表达规范	逻辑清晰	错误较多	未按时完成 课堂汇报	50

5 事故调查与处理

《战国策·赵策一》中指出:"前事之不忘,后事之师。"提醒人们要牢记以前的经验教训,为今后的行为提供借鉴。《诗经·周颂·小毖》:"予其惩,而毖后患。"即批判曾经犯过的错误,防止其再次犯错。综合起来说,面对曾经的错误,我们既需要吸取经验,又要对犯错误的人严惩不贷,从而防止或减少类似事故的发生。事故发生后,查明导致事故发生的原因,对相关责任人进行处理,对于预防类似事故的发生具有重要意义。

【学习目标】

1. 掌握事故调查的准备、原则及基本步骤。
2. 理解事故分析与验证方法。
3. 掌握事故处理的原则与调查报告撰写和批复的要求。
4. 树立安全生产红线意识。

【思维导图】

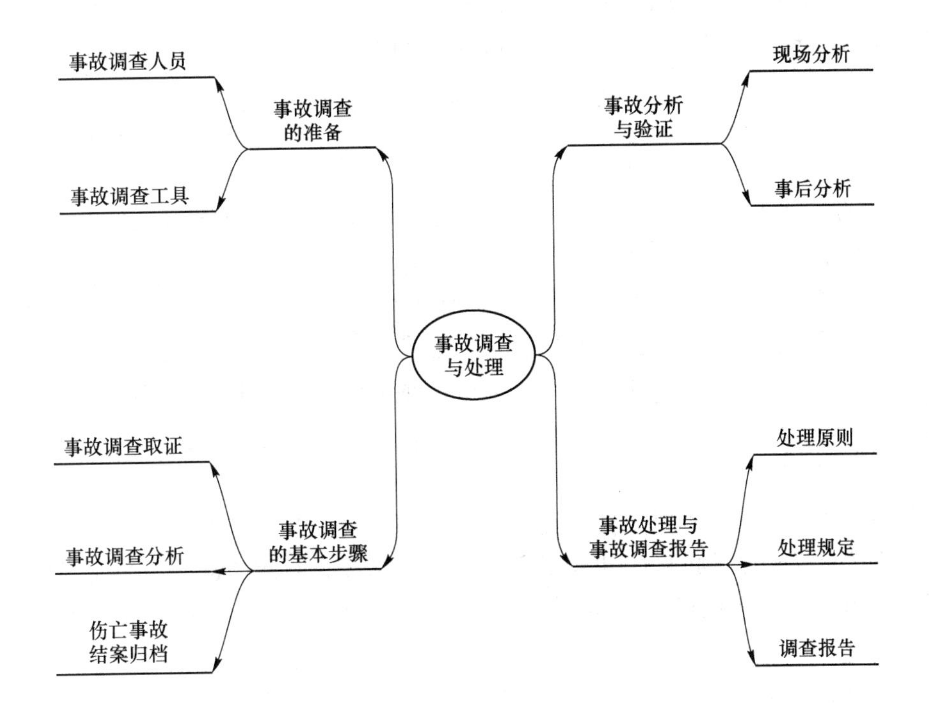

5.1 事故调查的准备

视频资源：5.1 事故调查的准备

事故具有突变性，有些事故证据留存的时间较短，若不做好充分的准备，事故调查工作很难取得良好的效果。事故调查前需要准备什么呢？简单来讲，包括三个问题：什么人？什么时间？采用什么样的工具？开展事故调查。

5.1.1 事故调查人员

谁来组织调查呢？国务院第493号令《生产安全事故报告和调查处理条例》规定：事故调查组的组成应当遵循精简、效能的原则。根据事故的具体情况，事故调查组由有关人民政府、安全生产监督管理部门（2018年国家机构改革，成立了应急管理部，原安全生产监督管理部门职责由应急管理部门承接）、负有安全生产监督管理职责的有关部门、监察机关、公安机关及工会派人组成，并应当邀请人民检察院派人参加。可以邀请有关专家参加。事故调查组成员不得与所调查事故有直接利害关系。事故调查组组长由负责事故调查的人民政府指定。事故调查组组长主持事故调查组的工作。

事故等级不同，事故调查组的等级有所不同。特别重大事故由国务院或授权有关部门组织事故调查组进行调查；重大事故由省级人民政府或授权有关部门组织事故调查组进行调查；较大事故由市级人民政府或授权有关部门组织事故调查组进行调查；一般事故由县级人民政府或授权有关部门组织事故调查组进行调查；未造成人员伤亡的一般事故由县级人民政府也可以委托事故发生单位事故调查组进行调查（见表5-1）。

表5-1 事故等级与事故调查组等级的对应关系

事故等级	事故调查组
特别重大事故	国务院或授权有关部门组织事故调查组
重大事故	省级人民政府或授权有关部门组织事故调查组
较大事故	市级人民政府或授权有关部门组织事故调查组
一般事故	县级人民政府或授权有关部门组织事故调查组
未造成人员伤亡的一般事故	县级人民政府也可以委托事故发生单位事故调查组

需要注意的是：事故等级可能发生变化。自事故发生之日起30日内（道路交通事故、火灾事故自发生之日起7日内），因事故伤亡人数变化导致事故等级发生变化，依照条例规定应当由上级人民政府负责调查，上级人民政府可以另行组织事故调查组进行调查。

另外，特别重大事故以下等级事故，事故发生地与事故发生单位不在同一个县级以上行政区域的，由事故发生地人民政府负责调查，事故发生单位所在地人民政府应当派人参加。

例题：甲省设区的A市某建筑公司，承揽了一项甲醇装置建设工程，该工程位于乙省设区的B市。施工过程中发生脚手架坍塌事故，导致4人死亡。依据《安全生产事故报告和调查处理条例》，此次事故的调查处理应由哪级人民政府负责组织？

解析：事故导致4人死亡，为较大事故，事故调查由市级人民政府负责。A市为企业所在地，B市为事故发生地，所以事故由B市人民政府负责组织。

案例：2020年3月7日，福建省泉州市鲤城区欣佳酒店发生楼体坍塌事故，造成29人死亡、42人受伤。为认真贯彻落实中央领导同志重要指示精神和批示要求，国务院决定成立福建省泉州市欣佳酒店"3·7"坍塌事故调查组并开展调查工作。

问题：依据《安全生产事故报告和调查处理条例》的规定，造成29人死亡、42人受伤的事故一般由哪级人民政府负责组织调查？该起事故为什么由国务院成立事故调查组进行调查？

5.1.2 事故报告的规定

事故调查组如何第一时间了解事故信息，快速开展事故调查工作呢？这离不开迅速、及时、准确的生产安全事故报告。

5.1.2.1 事故报告的时限和部门

生产安全事故发生后，事故报告的时限和部门如图5-1所示。首先，事故现场有关人员应当立即向本单位负责人报告；单位负责人接到报告后，应当于1 h内向事故发生地县级以上人民政府应急管理部门和负有安全生产监督管理职责的有关部门报告。情况紧急时，事故现场有关人员可以直接向事故发生地县级以上人民政府应急管理部门和负有安全生产监督管理职责的有关部门报告。如果事故现场条件特别复杂，难以准确判定事故等级，情况十分危急，上一级部门没有足够能力开展应急救援工作，或者事故性质特殊、社会影响特别重大时，就应当允许越级上报事故。

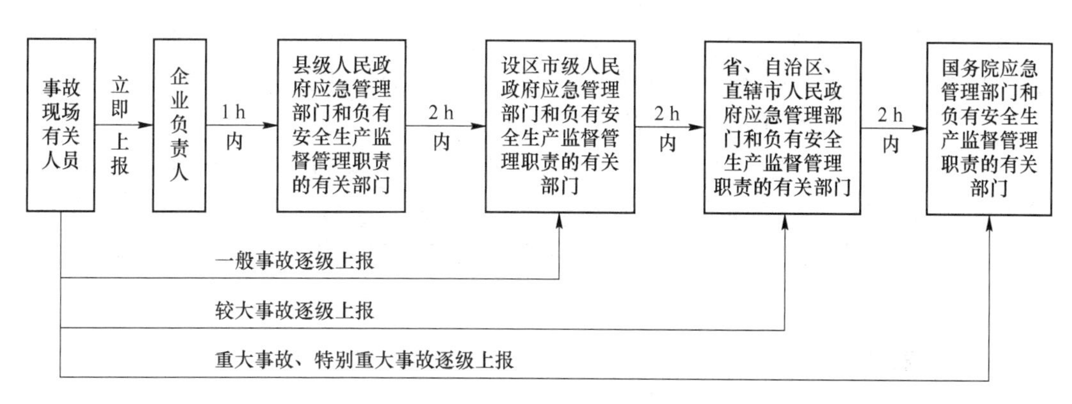

图5-1 事故报告的时限和部门

应急管理部门和负有安全生产监督管理职责的有关部门接到事故报告后，应当逐级上报事故情况（每级上报的时间不得超过2 h），并通知公安机关、劳动保障行政部门、工会和人民检察院：(1) 重大事故、特别重大事故逐级上报至国务院应急管理部门和负有安全生产监督管理职责的有关部门。(2)较大事故逐级上报至省、自治区、直辖市人民政府应急管理部门和负有安全生产监督管理职责的有关部门。(3)一般事故逐级上报至设区市级人民政府应急管理部门和负有安全生产监督管理职责的有关部门。

5.1.2.2 事故报告的内容

事故报告应当遵照完整性的原则，尽量能够全面地反映事故情况。事故现场有关人员需要准确报告事故的时间、地点、人员伤亡的大体情况，事故单位负责人需要报告事故的简要经过、人员伤亡和损失情况以及已经采取的措施等，应急管理部门和负有安全生产监督管理职责的有关部门向上级部门报告事故情况需要严格按照《生产安全事故报告和调查处理条例》规定进行报告。

(1)事故发生单位概况。事故发生单位概况应当包括单位的全称、成立时间、所处地理位置、所有制形式和隶属关系、生产经营范围和规模、持有各类证照的情况、单位负责人的基本情况、劳动组织及工程(施工)情况等(矿山企业还应包括可采储量、生产能力、开采方式、通风方式及主要灾害等情况)以及近期的生产经营状况等。

(2)事故发生的时间、地点以及事故现场情况。报告事故发生的时间应当具体，并尽量精确到分钟。报告事故发生的地点要准确，除事故发生的中心地点外，还应当报告事故所波及的区域。报告事故现场总体情况、现场的人员伤亡情况、设备设施的毁损情况以及事故发生前的现场情况。

(3)事故的简要经过。事故的简要经过是对事故全过程的简要叙述，描述要前后衔接、脉络清晰、因果相连。

(4)伤亡人数和初步估计的直接经济损失。对于人员伤亡情况的报告，应当遵守实事求是的原则，不作无根据的猜测，更不能隐瞒实际伤亡人数。对直接经济损失的初步估计，主要指事故所导致的建筑物的毁损、生产设备设施和仪器仪表的损坏等。由于人员伤亡情况和经济损失情况直接影响事故等级的划分，并因此决定事故的调查处理等后续重大问题，在报告这方面情况时应当谨慎细致，力求准确。

(5)已经采取的措施。已经采取的措施主要是指事故现场有关人员、事故单位负责人、已经接到事故报告的安全生产管理部门为减少损失、防止事故扩大和便于事故调查所采取的应急救援和现场保护等具体措施。

(6)其他应当报告的情况。对于其他应当报告的情况，根据实际情况具体确定。需要特别指出的是，考虑到事故原因往往需要进一步调查之后才能确定，为谨慎起见，没有将其列入应当报告的事项。但是，对于能够初步判定事故原因的，还是应当进行报告。

5.1.3 事故调查工具

“工欲善其事，必先利其器”，没有良好的装备和工具，事故调查人素质再高，也是“巧妇难为无米之炊”。因而，事故调查人员必须事先做好必要的物质准备。

首先是身体上的准备。除了保证一个良好的身体状态外，还需要根据事故现场的情况，做好个体防护。

为了收集资料，调查人员还需要携带一些调查工具。配备现场勘察箱、照相器材、录像器材等，并保证仪器及工具处于完好状态。

另外还需要放大镜、手套、录音笔、急救包、绘图纸、标签、样品容器等，以及噪声、辐射、气体等的采样或测量仪器。

事故调查的准备是事故调查的开始，是有效调查的保证，一定要注意。

5.2　事故调查的基本步骤

视频资源：5.2　事故调查的基本步骤

事故发生后，事故调查组如何开展事故调查工作呢？建议大家观看美国国家地理频道播放的电视纪录片系列《重返危机现场》，以便更形象化地理解下面的知识。

事故调查的基本步骤包括：事故调查取证、事故调查分析、伤亡事故结案归档。事故调查取证是完成事故调查的基础，也是完成事故调查的非常重要一环。如何进行事故调查取证在国家法规标准中给出了相应的方法和技术手段，取证途径大体包括：事故现场处理、物证收集、材料收集、人证问询、事故现场摄影及事故现场图绘制等。

5.2.1　事故现场处理

事故现场处理是事故调查的初期工作。对于事故调查人员来说，由于事故的性质不同及事故调查人员在事故调查中角色的差异，事故现场处理工作会有所不同。通常现场处理应进行以下工作：

（1）现场营救。事故调查组抵达事故现场时，事故可能还没有得到有效控制。首先要进行现场危险分析，实施现场营救，防止进一步的伤害和破坏，保证人们生命财产安全。

（2）保护现场。凡与事故有关的物体、痕迹、状态，不得破坏。因抢救受害者需要移动现场某些物体时，要做好现场标志。有些信息、证据随时间的推移而逐渐消亡，有些信息有着极大的不可重复性，要准备必需的草图梗概和图片，仔细记录或进行拍照、录像并保持记录的准确性。

5.2.2　物证的收集

通常收集的物证包括以下内容：

（1）现场物证，包括破损部件、碎片、残留物、致害物的位置等；（2）在现场搜集到的所有物件均应贴上标签，注明地点、时间、管理者；（3）所有物件应保持原样，不准冲洗擦拭；（4）对健康有危害的物品，应采取不损坏原始证据的安全防护措施；（5）对事故的描述，以及估计的破坏程度；（6）正常的运作程序；（7）事故发生地点、地图（地方与总图）；（8）证据列表以及事故发生前的事件。

5.2.3　材料的收集

事故材料的收集应包括两方面内容：

（1）与事故鉴别、记录有关的材料。包括：1）发生事故的单位、地点、时间。

2）受害人和肇事者的姓名、性别、年龄、文化程度、职业、技术等级、工龄、本工种工龄、支付工资的形式。3）受害人和肇事者的技术状况、接受安全教育情况。4）出事当天，受害人和肇事者什么时间开始工作、工作内容、工作量、作业程序、操作时的动作（或位置）。5）受害人和肇事者过去的事故记录。

（2）事故发生的有关事实。包括：1）事故发生前设备、设施等的性能和质量状况。2）使用的材料，必要时进行物理性能或化学性能实验与分析。3）有关设计和工艺方面的技术文件、工作指令和规章制度方面的资料及执行情况。4）关于工作环境方面的状况，包括照明、湿度、温度、通风、声响、色彩度、道路、工作面情况以及工作环境中的有毒、有害物质取样分析记录。5）个人防护措施状况，应注意它的有效性、质量、使用范围。6）出事前受害人和肇事者的健康状况。7）其他可能与事故致因有关的细节或因素。

5.2.4 人证的问询

大约50%的事故信息是由人证提供的。人证收集工作相当重要。人证收集时要注意——迅速果断。因为所有证人，包括当事人，都对事故的发生没有心理准备，所以他们头脑中与事故相关的信息是模糊的，不完整的。

收集人证信息时经常会发生以下典型现象：（1）证人之间会强烈地互相影响。（2）证人会强烈地受到新闻媒介的影响。（3）不了解他所看到的事，不能以自己的知识、想法去解释的证人，容易改变他们掌握的事实去附和别人。（4）证人会因为记不住、不自信或自认为不重要等原因忘却某些信息。

比如，1998年6月3日，德国高铁ICE出轨事故发生后，有目击者描述事故信息为：公路桥上的汽车冲过铁路桥护栏，不慎跌落到铁路干线铁轨上，列车来不及刹车与汽车相撞，最终酿成惨剧。新闻媒体也将目击者的描述进行了报道。而事实是汽车停在公路桥上，列车撞到路桥的冲击力致使汽车翻落。调查人员通过对于现场的部件的勘查，逐渐推翻目击者的说法。

5.2.5 现场照相和绘图

事故现场照相和现场绘图都是收集物证的重要手段。

事故现场照相包括：现场方位照相、现场概貌照相、现场重点部位照相、现场细目照相。

其中，现场方位照相，指拍照现场所处的位置及现场周围环境。现场概貌照相，指拍照除了现场周围环境以外整个现场状况。现场重点部位照相，指拍照与事故有关的现场重要地段。事故现场的重点部位都是现场勘查工作的主要目标。现场细目照相，指拍摄在现场上存在的具有检验鉴定价值和证据作用的各种痕迹、物证，以反映其形状、大小和特征。

多数情况下，首先拍摄整个原始现场的概貌。然后拍摄重点部位、重点物品和遗留痕迹、物证的原始状态及其所在位置。现场概貌照相和重点部位照相完成之后，可拍照现场方位。

现场绘图也是一种记录现场的重要手段，与现场笔录、现场照相均有各自的特点，相辅相成，不能互相取代。照片反映的信息更直观、形象。绘图提供的信息更精确、全面。

具体来说，现场绘图的作用有三点：（1）用简明的线条、图形，把人无法直接看到或无法一次看到的整体情况、位置、周围环境、内部结构状态清楚地反映出来。（2）对现场上必须专门固定反映的情况，如有关物证、痕迹等的地面与空间位置、事故前后现场的状态，事故中人流、物流的运动轨迹等，可通过各种现场图显示出来。（3）把与事故有关的物证、痕迹的位置、形状、大小及其相互关系形象地反映出来。

5.3　事故分析与验证

视频资源：5.3　事故分析与验证

通过事故现场勘查、人证问询、物证收集获取证据后，如何确定事故的原因和责任呢？还需要根据事故调查所取得的证据，进行事故的原因分析和责任分析，并验证分析结果的合理性，即进行事故分析与验证工作。其中事故分析包括现场分析和事后深入分析两部分。

5.3.1　现场分析

现场分析又称临场分析或现场讨论，是在现场实地勘查和现场访问中或结束后，由所有参加勘查人员，全面汇总现场实地勘查和现场访问所得的材料，并在此基础上，对事故有关情况进行分析研究和确定对现场的处理的一项活动。

在理解这个概念时要注意：现场分析在什么时间开展？可以在现场实地勘查和现场访问时，也可以在现场实地勘查和现场访问后。比如一般交通事故，调查人员现场边勘查边分析。大型交通事故，调查人员现场收集完信息后，集中讨论分析。

现场分析的核心在于，现场分析以现场实地勘查和现场访问所得的材料为依据。现场分析结果为现场处置提供依据。

现场分析是一个持续的过程。现场勘查初期，勘查人员获取部分信息。调查人员依据现有信息进行现场分析，及时调整勘查方向，保证人证、物证的全面收集。最后综合所有收集到的信息，初步判定事故原因，确定合理的现场处置方式。

由于现场条件的局限性，现场分析人员进行现场分析主要以经验判断和逻辑分析为主。常用的逻辑分析方法主要有：比较、综合、假设、推理。比较，将分别收集的两个以上的现场勘查材料加以对比。综合，将现场勘查资料汇集起来分析。假设，根据现场情况推测某一事实的存在，然后验证或否认。推理，从已知的现场材料推断未知的事故发生的有关情况。

对于较为严重或复杂的事故、特别重特大伤亡或损失事故，仅仅依赖于现场分析远远不够，还需要进行事后分析。

5.3.2　事后分析

事后分析是在充分掌握资料和现场分析的基础上，进行全面深入细致的分析，其目的不仅在于找出事故的责任者并做出处理，更在于发现事故的根本原因并找出预防和控制的方法和手段。

事后分析主要有资料综合、逻辑分析、技术验证三部分工作。资料综合指全面整理、综合、分类、补充相关资料，保证事后分析的深入进行。逻辑分析指根据已有资料，列出所有可能导致事故的原因与过程；然后根据相关资料进行筛选，将一部分原因剔除，其余原因判断各自的可能性并分出主次。技术验证指通过检测、试验、模拟、计算等技术手段再现或局部再现事故过程或其某个环节，验证判断的正确性。

需要说明的是：经过资料综合与逻辑分析后的初步结论是不足以成为事故处理的依据的。技术验证是事故调查科学性的保证。

技术验证手段中计算机模拟现在较为流行。一些不具备试验条件、破坏性或无可操作性的分析验证项目，可以在虚拟环境下通过模拟验证完成测试。

5.4 事故处理与事故调查报告

视频资源：5.4 事故处理与事故调查报告

通过事故调查的基本步骤、事故分析与验证，调查清楚事故情况，接下来如何进行处理呢？事故的报告与处理就是事故调查与处理的最后一项工作，主要包括：事故处理的原则、事故处理的规定、事故调查报告。

5.4.1 事故处理的原则

伤亡事故发生后，应遵循“四不放过”的原则进行事故处理。即事故原因未查明不放过；责任人未处理不放过；有关人员未受到教育不放过；整改措施未落实不放过。

（1）事故原因未查明不放过，即在调查处理伤亡事故时，首先要把事故原因分析清楚，找出导致事故发生的真正原因，不能敷衍了事，不能在尚未找到事故主要原因时就轻易下结论，也不能把次要原因当成真正原因，未找到真正原因决不轻易放过，直至找到事故发生的真正原因，并搞清各因素之间的因果关系才算达到事故原因分析的目的。

（2）责任人未处理不放过，即对事故责任者要严格按照安全事故责任追究规定和有关法律、法规的规定进行严肃处理，这也是安全事故责任追究制的具体体现。

> 对责任单位和责任人要打到疼处、痛处，让他们真正痛定思痛、痛改前非，有效防止悲剧重演。造成重大损失，如果责任人照样拿高薪，拿高额奖金，还分红，那是不合理的。
>
> ——2013 年 7 月 18 日习近平在中央政治局第 28 次常委会上的讲话

（3）有关人员未受到教育不放过，即在调查处理工伤事故时，不能认为原因分析清楚了，有关人员也处理了就算完成任务了，还必须使事故责任者和广大群众了解事故发生的原因及所造成的危害，并深刻认识到搞好安全生产的重要性，使大家从事故中吸取教训，在今后工作中更加重视安全工作。

> 要做到“一厂出事故、万厂受教育，一地有隐患、全国受警示”。
>
> ——中国中央总书记、国家主席、中央军委主席习近平针对 2013 年 11 月 22 日山东青岛输油管泄漏引发重大爆燃事故作出重要批示

(4) 整改措施未落实不放过，即针对事故发生的原因，在对安全生产工伤事故进行严肃认真的调查处理的同时，还必须提出防止相同或类似事故发生的切实可行的预防措施，并督促事故发生单位加以实施。只有这样，才算达到了事故调查和处理的最终目的。

5.4.2 事故处理的规定

在"四不放过"的原则下，国务院令 493 号《生产安全事故报告和调查处理条例》对事故处理的建议主体、批复流程、执行情况进行了明确规定。

事故调查组认定事故的性质与事故责任，提出对事故责任者的处理建议。

事故调查组提出的处理意见由负责事故调查的人民政府进行批复。具体来说，一般事故、较大事故、重大事故，负责事故调查的人民政府自收到事故调查报告之日起 15 日内批复；特别重大事故，负责事故调查的人民政府自收到事故调查报告之日起 30 日内批复；特殊情况下，批复时间可以适当延长，但延长的时间最长不超过 30 日。

政府批复后，由相关部门或单位按批复进行执行。有关机关按照人民政府的批复，对事故发生单位和有关人员进行行政处罚，对负有事故责任的国家工作人员进行处分。事故发生单位按照人民政府的批复，对本单位负有事故责任的人员进行处理。负有事故责任的人员涉嫌犯罪的，依法追究刑事责任。

5.4.3 事故调查报告

事故处理建议的提出、批复、执行都是在事故调查分析的基础上开展的。事故调查报告是事故调查分析研究成果的文字归纳和总结，其结论对事故处理及事故预防起着非常重要的作用。

5.4.3.1 事故调查报告的写作要求

事故调查报告的撰写应注意：

(1) 深入调查，掌握大量的具体材料。这是撰写调查报告的基础。凭事实说话，是衡量事故调查报告写得是否成功的关键。

(2) 反映全面、揭示本质，不做表面或片面文章。事故调查报告不能满足于罗列情况，列举事实，而是对情况和事实加以分析，得出令人信服、给人启示的相应结论。

(3) 善于选用和安排材料，力求内容精练，富有吸引力。只有选用最关键、最能说明问题、最能揭示事故本质的材料，才能使内容精练，富有吸引力。

5.4.3.2 事故调查报告的格式

事故调查报告主要包括三部分：标题、正文、附件。为更好地理解事故调查报告的内容和格式，大家可以在网上查阅江苏响水天嘉宜化工有限公司"3·21"特别重大爆炸事故报告，对照分析。

(1) 标题。事故调查报告的标题一般采用公文式，即"关于××事故的调查报告"或"××事故的调查报告"。标题中指明事故发生的时间、地点、单位和事故性质。时间一般用"月·日"来表示。事故性质包括事故严重程度如重大、特别重大等，及事故类型如泄漏爆炸、爆炸火灾等。比如，江苏响水天嘉宜化工有限公司“3·21”特别重大爆炸事故调查报告。江苏响水是事故发生地点，天嘉宜化工有限公司为单位，事故发生时间为3月21日，事故性质为特别重大爆炸事故。

（2）正文。正文一般分为前言、主体、结尾三个部分。

前言部分一般写明调查简介，包括调查对象、问题、地点、方法、目的和调查结果等。江苏响水天嘉宜化工有限公司“3·21”特别重大爆炸事故调查报告前言部分，介绍了事故的基本情况、事故调查过程、事故调查结果。

主体是调查报告的主要部分。主体一般采用纵式结构，即按事故发生的过程和事实、事故或问题的原因、事故的性质和责任、处理意见、整改措施的顺序进行撰写。这种写法能使人员对事故的发展过程有清楚的了解，从而领会所得出的相应结论。江苏响水天嘉宜化工有限公司“3·21”特别重大爆炸事故调查报告就是按这种结构撰写的。

结尾部分总结全文，得出结论。也有的事故报告没有单独的结尾，主体部分写完，就自然结束。江苏响水天嘉宜化工有限公司“3·21”特别重大爆炸事故调查报告没有结尾。

（3）附件。事故调查报告应当附具有关证据材料。在事故调查报告中，为了保证正文叙述的完整性和连贯性及有关证明材料的完整性，一般采用附件的形式将有关照片、鉴定报告、各图表乃至相关文字资料，如培训记录、资质证书等附在事故调查报告之后，也有的将事故调查组成员名单，或在特大事故中的死亡人员名单等也作为附件列于正文之后，供有关人员查阅。

习　题

PDF资源：
第5章习题答案

一、单选题

1. 某矿业公司发生矿井爆炸事故，造成25人死亡、6人重伤，根据《生产安全事故报告和调查处理条例》(国务院令493号)，本次事故的调查应由（　　）组织进行。
   A. 国务院　　B. 省级人民政府
   C. 市级人民政府　　D. 县级人民政府
2. 某县造纸厂1名工人在污水池进行作业时中毒窒息，旁边2人发现后，进池救援造成晕厥，送医院途中1人死亡、2人受伤。事故发生后，当地政府成立了事故调查组。根据《生产安全事故报告和调查处理条例》(国务院令493号)，事故调查的组成部门可不包括（　　）。
   A. 当地县级应急管理局　　B. 当地县级监察机关
   C. 当地县级公安机关　　D. 当地县级法院
3. 2021年某日，甲省乙市某金矿在施工过程中发生爆炸事故。经全力救援，11人获救，10人死亡，1人失踪。关于该事故调查组织的说法，正确的是（　　）。
   A. 应由甲省人民政府组织事故调查，并指定事故调查组组长
   B. 应由乙市人民政府组织事故调查，特邀甲省应急管理厅参加
   C. 应由甲省应急管理厅组织事故调查，特邀乙市人民政府参加
   D. 应由甲省自然资源厅组织事故调查，特邀乙市人民政府参加

4. 为保证事故调查、取证客观公正地进行，在事故发生后，对事故现场要进行保护，以下有关事故现场处理说法错误的是（　　）。
   A. 事故发生后，应救助受伤害者，并认真保护事故现场
   B. 为抢救受伤害者需要移动某些现场物体时，必须做好现场标记
   C. 保护事故现场区域，不要破坏现场，除非还有危险存在
   D. 事故现场的保护应由公安部门组织进行
5. 2017 年 11 月 8 日，A 省 B 市 C 县境内一酒店发生火灾，事故当天共造成 19 人死亡 15 人重伤。依据《生产安全事故报告和调查处理条例》，下列关于此事故的说法中，正确的是（　　）。
   A. 酒店负责人应当于接到报告后 2 h 内向 C 县应急管理部门报告
   B. 若事故发生后的第 15 天死亡人数增加 12 人，相关部门应当及时补报
   C. 截至 11 月 15 日，伤亡人数未增加，该事故由省级人民政府负责调查
   D. 12 月 7 日，死亡人数增加，达到 30 人，该事故应由国务院负责调查
6. 我国实行生产安全事故责任追究制度，事故调查处理坚持“四不放过”原则。“四不放过”原则是指（　　）。
   A. 事故直接原因未查明不放过、主要责任人未处理不放过、整改措施未落实不放过、遇难人员家属未得到抚恤不放过
   B. 事故原因未查明不放过、责任人未处理不放过、整改措施未落实不放过、有关人员未受到教育不放过
   C. 事故扩大的原因未查明不放过、主要负责人未处理不放过、整改资金未落实不放过、有关人员未受到教育不放过
   D. 事故原因未查明不放过、直接责任人未处理不放过、整改措施未落实不放过、安全管理人员未受到教育不放过
7. 某化工厂发生火灾，导致 102 人重伤，负责事故调查的人民政府应当自收到事故调查报告最晚（　　）日作出批复。
   A. 15　　B. 30　　C. 45　　D. 60
8. 甲钢铁厂位于某省市境内。某日，钢铁厂发生锅水包倾倒事故，造成 15 人死亡。有关部门迅速成立事故调查组进行调查，并形成了事故调查报告。负责批复事故调查报告的行政部门是（　　）。
   A. 国务院　　B. 国务院安全生产监督管理部门
   C. 省人民政府　　D. 市人民政府

实践活动

活动名称	制作事故现场勘查视频
活动目标	模拟一起事故，比如交通事故、触电事故、宿舍火灾事故等。根据事故现场勘查步骤和要求，开展事故现场勘查工作，并制作成短视频
活动要求	（1）实践活动以小组的形式完成。由 5 ~ 6 人组成一个小组，其中组长 1 名。 （2）查阅相关资料，明确该场景事故的现场勘查步骤。 （3）小组成员分工，编写剧本，情景模拟事故现场相关活动，录制现场勘查视频。 （4）事故勘查视频能够展示完整的事故勘查过程。 （5）对事故现场勘查视频进行剪辑，添加片头、旁白、片尾、进度条，能够清晰地表达事故现场勘查的步骤。 （6）在班级内播放各组的事故勘查视频，开展互评活动

续表

评分标准

表5-2 事故现场勘查视频评分标准

项　目	评　分　标　准	得分
知识标准（50分）	1. 事故勘查步骤完整，逻辑清晰，细节处理得当（36~50分）	
	2. 事故勘查步骤完整，细节处理简单（20~35分）	
	3. 展示了事故勘查部分步骤（10~19分）	
	4. 视频内容简单，未展示出事故勘查步骤（0~9分）	
技术标准（30分）	1. 视频画面清晰，语言表述清晰，片头、片尾、字幕和进度条完整（20~30分）	
	2. 视频画面清晰，语言表述清晰（10~19分）	
	3. 视频画面模糊，语言表达不清（0~9分）	
思政要素（20分）	1. 第一时间救治伤员，救治方法得当（10~20分）	
	2. 第一时间救治伤员（1~9分）	
	3. 未及时救治伤员（0分）	

6 事故预防与控制

东汉时期政论家、史学家荀悦在《申鉴·杂言》中有一段话："进忠有三术：一曰防；二曰救；三曰戒。先其未然谓之防，发而止之谓之救，行而责之谓之戒。防为上，救次之，戒为下。"即在不好的事情发生之前阻止是上策；不好的事情刚发生时阻止次之；不好的事情发生后再惩戒为下策。安全生产工作同样如此，事后处罚不如事中控制，事中控制不如事前预防。事故预防和控制的方法有哪些？在众多的事故预防和控制方法中，我们如何选择出科学有效的方法呢？这就要求我们必须掌握并利用好事故预防和控制的原则和方法。

【学习目标】

1. 明确事故预防与控制的原则；
2. 理解安全技术对策、安全教育对策、安全管理对策的思路和方法；
3. 能运用安全对策解决实际问题。

【思维导图】

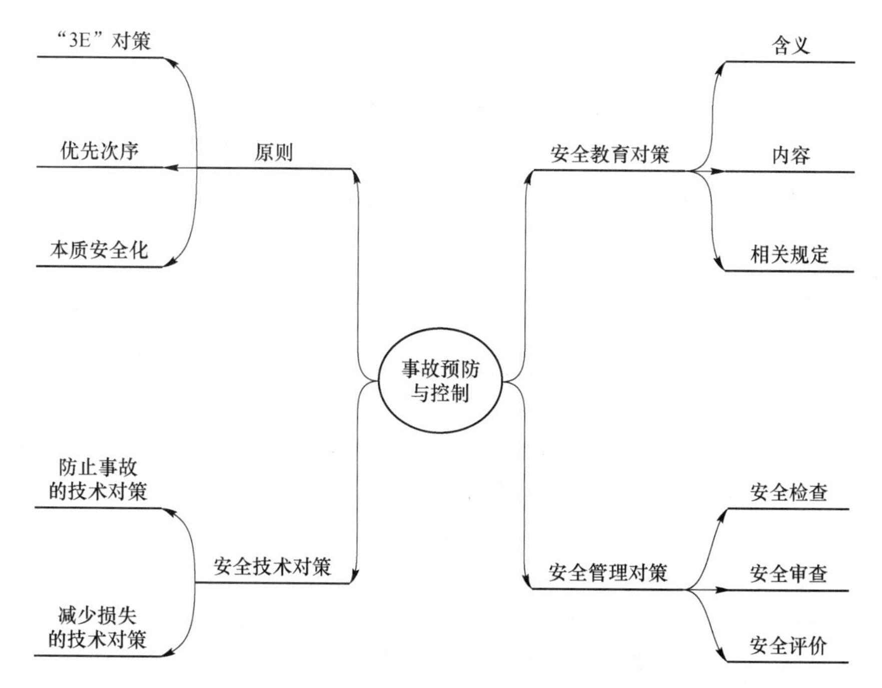

通过事故调查和事故统计分析，我们发现了事故的发生机理和发展规律。而做这些归根到底是要实施事故的预防与控制。事故预防是指通过采用技术和管理手段使事故不发生。事故控制是指使事故发生后不造成严重后果或使损伤尽可能减小。一般情况下，我们不再单独区分，而统称为事故预防与控制。

视频资源：6.1 事故预防与控制的基本原则

6.1 事故预防与控制的基本原则

事故预防与控制的方法林林总总，情景不同具体措施也不同，我们很难全面掌握各行各业的安全措施。对于安全管理工作者，掌握安全的理念更为重要。事故预防与控制的基本原则就是这样一种引导我们合理采取事故预防和控制手段的理念。事故预防与控制的基本原则主要包括："3E" 对策、系统安全优先次序和本质安全化。

6.1.1 "3E"对策

事故预防与控制的手段归纳起来，可分为技术、教育、管理三大类。因为技术（engineering）、教育（enforcement）、管理（education）三个英文单词的第一个字母均为 E，一般简称为"3E" 对策。也就是说，为了防止事故发生，必须在上述三个方面实施事故预防与控制的对策，而且还应始终保持三者间的均衡，合理地采取相应措施，才有可能如愿以偿，如图 6-1 所示。

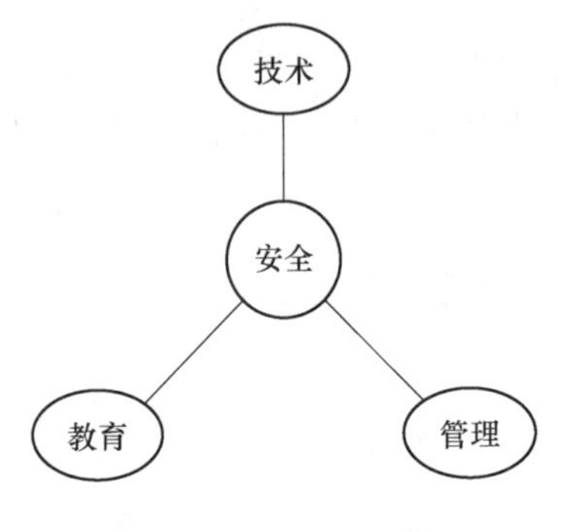

图 6-1 "3E" 对策

需要说明的是，这里所指的"管理"（enforcement），与前面探讨的管理（management）不同，是一种狭义的管理。主要指用法律法规、规章制度、行政处罚等相关管理措施去约束人的行为，达到预防和控制事故的目的，所以有些资料将其译为"强制"或"法制"。

"3E" 对策中，安全技术对策着重解决物的不安全状态的问题。比如高温情况下，压力容器压力增加，容易发生爆炸事故。我们可以给压力容器添加易融塞，使它自动泄压。安全管理对策和安全教育对策着重解决人的不安全行为问题。不同的是，安全管理对策要求人必须怎么做，而安全教育对策主要使人知道应该怎么做。也就是说，技术、教育、管理三个对策各有自己的作用。实际安全工作中，三种手段相辅相成，缺一不可。

但三者的重要程度却有所不同。人是复杂的社会人，其行为受到很多因素的影响。相对而言，物的可靠性更高。为此，理论上安全技术对策是安全管理工作者的首选。相关研究表明，人的失误论与工作的复杂程度呈正相关，管理措施可以使人的失误率降低，但效果极为有限。使用"3E" 对策时，以技术为主，教育为辅，实在不行再用管理。

有些时候安全管理对策又不可或缺，因为一来技术手段总有局限性，可能会因成本或技术水平等因素难以实现；二来有些事故因风险相对较小，仅凭管理手段即可达到可接受水平。在这两类情况下，管理手段的实用性显而易见。就像城市的十字路口，在采用红绿灯结合交通法规就可使安全水平可接受的条件下，我们自然没有必要再使用类似铁路道口的技术手段进一步予以提高了。

可以用三句话概括"3E" 对策的基本思想：三种手段相辅相成，缺一不可；技术为主，教育为辅，实在不行再用管理；风险较小时，用管理。

6.1.2 系统安全优先次序

事故预防与控制的措施很多，但各种措施的效果不尽相同。在满足安全要求的前提下，我们应该建立一个准则指导我们选择措施，这个必须遵循的准则就是系统安全优先次序。

事故预防与控制措施的优先次序如下：（1）消除危险。消除危险是事故预防的首选。（2）降低风险。当危险无法消除时，可采取措施降低风险，使其达到人们可接受的程度。（3）隔离。采用物理方法将危险同人员和设备隔离，以防止危险发生或将危险降到最低水平。（4）个体防护。个体防护是隔离的一种，是一种不得已的隔离措施。（5）避难和救援。人们能否避难成功或获得有效的救援，具有一定的偶然性。为此，避难和救援的优先等级最低。

某商场为减少火灾可能导致的重大事故损失，拟采取：①设置防火墙；②增设避难逃生场所；③增设排烟风机；④配备过滤式防毒面具等4种安全措施。以上4种措施的优先次序为：________。

答案：③①④②

6.1.3 本质安全化

系统安全优先次序和“3E”对策都强调了技术措施的重要性。我们能不能采用技术手段实现无论人如何失误，事故都不会发生呢？这就是本质安全。

本质安全是指不靠外部附加任何安全装置和设备，而是依靠自身的安全设计，进行本质方面的改善，即使发生故障或误操作，产品和系统仍能保证安全。本质安全型设备的安全是由其自身实现的。如果设备有一个装置，除了保证安全，没有其他的应用功能，这个设备不是本质安全的。

对于本质安全的设备，即使人失误，也能保证安全；即使设备设施故障，也能保证安全。最典型的本质安全产品是防爆电器。该电器不是靠外壳防爆和充填物防爆，而是其电路在正常使用或出现故障产生的电火花或热效应的能量小于0.28 mJ（毫焦）[即瓦斯浓度为8.5%（最易爆炸的浓度）最小点燃能量］时自动防爆。

本质安全是安全设计的追求。但遗憾的是，理论上只有以电气防爆产品为主的极少数产品能够达到本质安全的水平，大部分产品实现不了完全的本质安全设计。因而，人们逐步将其广义化，提出了本质安全化的理念。

本质安全化是指设备、设施或技术工艺含有内在的能够从根本上防止事故发生的功能。本质安全化包括：（1）失误–安全（fool-proof）功能；（2）故障–安全（fail-safe）功能。这两种安全功能应在设备、设施规划设计阶段就被纳入其中，而不是事后补偿，包括在设计阶段就采用无害的工艺、材料等。遵循这样的原则可以从根本上消除事故发生的可能性，从而达到预防事故发生的目的。本质安全化是安全管理预防原理的根本体现，是安全管理的最高境界。

视频资源：6.2 安全技术对策

6.2 安全技术对策

安全技术对策是以工程技术手段解决安全问题，预防事故的发生及减少事故造成的伤害和损失，是预防和控制事故的最佳安全措施。安全技术对策按照行业，可分为煤矿安全技术对策、非煤矿山安全技术对策、石油化工安全技术对策、冶金安全技术对策、建筑安全技术对策、水利水电安全技术对策、旅游安全技术对策等；按照危险、有害因素的类别，可分为防火防爆安全技术对策、锅炉与压力容器安全技术对策、起重与机械安全技术对策、电气安全技术对策等；按照导致事故的原因，可分为防止事故发生的安全技术对策、减少事故损失的安全技术对策等。

6.2.1 防止事故的安全技术对策

根据系统寿命阶段的特点，为满足规定的安全要求，防止事故发生的安全设计方法，主要包括：能量控制方法、风险最小化设计、隔离方法、闭锁锁定连锁、故障-安全设计、故障最小化设计、告警装置等。

6.2.1.1 能量控制方法

事故发生后果的严重程度与事故中所涉及的能量大小紧密相关。没有能量就没有事故，没有能量就不会产生伤害。

从能量控制的观点出发，事故的预防和控制实际上就是防止能量或危险物质的意外释放，防止人体与过量的能量或危险物质接触。控制能量的大体思路为：消除能量、减少能量、隔离能量，常用的能量控制方法，见表2-3。

6.2.1.2 风险最小化设计

通过设计消除危险或使风险最小化，是避免事故发生，确保系统的安全水平的最有效的方法。而本质安全技术则是其中最理想的消除危险的方法。

当然，在设计中使系统达到本质安全是很难的。在这种情况下，我们可以通过设计使系统发生事故的风险尽可能地最小化，或降低到可接受的水平，也就是本质安全化。为达到风险最小化设计的目标，可采取两方面的措施：（1）通过设计消除危险。可以通过选择恰当的设计方案、工艺过程和合适的原材料来消除危险因素。比如选用不易燃材料取代易燃材料，消除危险。（2）降低危险严重性。在不可能完全消除危险的情况下，可以通过设计降低危险的严重性，使危险不至于对人员和设备造成严重的伤害或损失。比如限制易燃气体的浓度，使其达不到爆炸极限。

6.2.1.3 隔离

隔离是物理分离的方法，用隔挡板和栅栏等将已确定的危险同人员和设备隔离，以防止危险发生或将危险降到最低水平，同时控制危险的影响。隔离技术常用在以下几个方面：

（1）隔离接触在一起将导致危险的不相容材料。例如，氧化物和还原物分开放置可以避免发生氧化还原反应而引发事故；将装在容器中的某些易燃液体的上面“覆盖”氮气或其他的惰性气体，以避免这些液体与空气中的氧气接触而发生危险。

（2）限制失控能量释放的影响。例如，在炸药的爆炸试验中，为了防止爆炸产生的冲击波对人或周围物体造成伤害和影响，当药量较大时，一般是在坚固的爆炸塔中进行爆炸试验；当药量较小时，才可放置在具有一定强度的密封的爆炸罐内进行试验。

（3）防止有毒、有害物质或放射源、噪声等对人体的危害。例如，铸造车间清毛坯时，为了防止铁屑伤人而穿戴的全密封防护服；隔离高噪声和振动的机械装置所采用的振动固定机构、屏蔽、消声器等。

（4）隔离危险的工业设备，如将护板和外壳安装在旋转部件、热表面和电气装置上面，以防止人员接触发生危险。

（5）时间上的隔离。例如，限定从事有害工种人员的工作时间，防止工作人员受到超量有毒、有害物质的危害，保障人员的安全。

6.2.1.4 闭锁、锁定和连锁

（1）闭锁和锁定。闭锁是防止某事件发生或防止人、物、力或因素进入危险的区域；锁定是保持某事件或状况，或避免人、物、力或因素离开安全、限定的区域。例如，弹药的保险和解除保险装置，螺母和螺栓上的保险丝和其他锁定装置，防止车辆移动的挡块，电源开的锁定装置等。

（2）连锁。连锁保证在特定的情况下某事件不发生。常用的连锁技术如表6-1所示。

表6-1 常用的连锁技术

序号	连 锁 技 术
1	在意外情况下，连锁可尽量降低事件B意外出现的可能性。它要求操作人员在执行事件B之前，先执行事件A
2	在某种危险状况下，可用连锁确保操作人员的安全。例如，打开家用洗衣机的盖板时，连锁装置自动使洗衣机滚筒停止运转，避免衣物缠手造成伤害
3	在预定的事件发生前，连锁可控制操作顺序和时间。即当操作的顺序是重要的或必要的，而错误的顺序将导致事故的发生时，最好采用连锁

连锁既可用于直接防止错误操作或错误动作，又可通过输出信号，间接地防止错误操作、错误动作。例如，限制电门、信号编码、运动连锁、位置连锁、顺序控制等。

6.2.1.5 故障-安全设计

在系统、设备发生故障或失效的情况下，使系统或设备仍能保证安全或自动将系统或设备转换到不引起事故的状态的安全技术措施称为故障-安全设计。故障-安全设计分为以下三种类型：故障-安全消极设计、故障-安全积极设计、故障-安全工作设计。

故障-安全消极设计是指当系统发生故障时，能够使系统停止工作，并将其能量降低到最低值直至系统采取纠正措施，不会由于导致不工作的危险产生更大的损伤。例如当系统出现短路时，电路熔丝断开，系统断电，保证安全。

故障-安全积极设计是指故障发生后，在系统采取纠正或补偿措施前，或启动备用系统前，保持系统以一种安全的形式带有正常能量，直至采取措施，以消除事故发生的可能性。例如，交通信号灯发生信号系统故障，信号将转为黄色闪烁灯，以避免发生事故。

故障-安全工作设计是指保证在采取纠正措施前，设备、系统能正常发挥其功能。例

如，锅炉的缺水补水设计，即使阀瓣从阀杆上脱落，也能保证锅炉正常进水，保证安全运行。它是故障-安全设计中最可取的类型。

值得注意的是，由于故障-安全装置本身也可能发生故障，因此，不能将其与“本质”安全技术混为一谈。

6.2.1.6 故障最小化设计

故障-安全设计可能会过于频繁地中断系统的运行，对系统的运行十分不利。在故障-安全设计不可行情况下，故障最小化设计有其特有的优势。故障最小化设计的方法主要有以下两种：

（1）降低故障率。这种方法是可靠性工程中用于延长元件和整个系统的期望寿命或故障间隔时间的一种技术。利用高可靠性的元件和设计降低使用中的故障概率，使整个系统的期望使用寿命大于所提出的使用期限，降低可能导致事故的故障发生率，从而减少事故发生的可能性，起到预防和控制事故的作用。这种方法的核心是通过提高可靠性来提高系统的安全性。

降低故障率的方案包括：安全系数、降额、冗余、筛选、定期更换、概率设计等。1）安全系数是使结构或材料的强度大于可能承受的应力。工作中，钢丝绳的最大提升重量为3 t，安全系数为4，钢丝绳的最小破断拉力为12 t。强调设计时预留空间。2）降额是使元器件以承受低于其额定的应力方式使用。钢丝绳的额定应力为3 t，使用时最大承受压力小于3 t。强调使用时预留空间。3）冗余通过用多个部件或多个通道来实现同一功能来提高安全性和可靠性。一根钢丝绳能满足要求，我们使用两根。当其中一根出现问题时，仍能保证系统安全。4）筛选时选择安全性和可靠性较高的产品使用。5）定期更换是指在元件故障率高之前，及时更换元件以保持元件的低故障率。比如钢丝绳使用一段时间后，根据相关数据或经验，它将进入高故障期。即使它能正常使用，也将它替换掉。6）概率设计是指通过结构设计来降低故障率。钢丝绳用途不同，结构方式也有所区别。

（2）监控。监控是利用监控系统对某些参数进行检测，保证这些选取的参数始终控制在限定范围之内从而达到预防事故的目的。

典型的监控系统分为检知、判断和响应三部分。检知部分由传感元件构成，用以感知特定物理量的变化。判断部分把检知部分感知的参数值与预先规定的参数值进行比较，判断被检测对象的状态是否正常。响应部分在判明存在异常时，采取适当的措施，如停止设备运行、停止装置运转、启动安全装置、向有关人员发出警告等。

6.2.1.7 告警装置

告警用于向危险范围内人员通告危险、设备问题和其他值得注意的状态，使有关人员采取纠正措施，避免事故的发生。

按照人的感觉方式，告警可分为视觉告警、听觉告警、嗅觉告警、触觉告警和味觉告警等。视觉告警是最广泛应用的告警方式。有些情况视觉告警不足以引起人们的注意，听觉告警效果会更好。嗅觉、触觉、味觉需要人与物质直接接触，使用范围相对较小。

6.2.2 减少事故损失的安全技术对策

危险是无处不在的，只要有危险存在，总存在导致事故的可能性。事故发生后，如果没有相应的措施迅速控制局面，事故规模和损失可能进一步扩大，甚至引起二次事故。为此，我们必须采取相应的应急措施，减少事故损失，至少能保障或拯救人的生命。

6.2.2.1　隔离

隔离除了作为一种广泛应用的事故预防方法之外，还常用作减少事故中能量猛烈释放而造成损伤的一种方法，可限制始发的不希望事件的后果对邻近人员的伤害和对设备、设施的损伤。常用的方法有以下三种：

（1）距离。涉及爆炸性物质的物理隔离方法，将可能发生事故、释放出大量能量或危险物质的工艺、设备或设施布置在远离人员、建筑物和其他被保护物的地方。例如，将炸药隔离，则即使炸药意外爆炸也不会导致邻近储存区和加工制造区炸药的殉爆。

（2）偏向装置。采用偏向装置作为危险物与被保护物之间的隔离墙，其作用是把大部分剧烈释放的能量导引到损失最小的方向。例如，在爆炸物质生产和装配工房，设置坚实的防护墙并用轻质材料构筑顶部，当爆炸发生时，防护墙承受一部分能量，而其余能量则偏转向上，减小了对周围环境的损伤。

（3）遏制。遏制技术是控制损伤常用的隔离方法，主要功能有：遏制事故造成更多的危险；遏制事故的影响；为人员提供防护；对材料、物资和设备予以保护。

6.2.2.2　薄弱环节

所谓薄弱环节是指系统中人为设置容易出故障的部分，使系统中积蓄的能量通过薄弱环节得到部分释放，以小的代价避免严重事故的发生。

常用的薄弱环节有4种：电薄弱环节、热薄弱环节、机械薄弱环节、结构薄弱环节。电薄弱环节，如电路中的熔丝在电路产生过载电流时熔断，从而使电路切断，达到保护其他用电设备及防止电线因大电流过热起火的目的。热薄弱环节，如压力锅上的易熔塞，当压力超过限值时，易熔塞熔化，蒸汽从其中排出，达到减小压力避免超压爆炸的目的。机械薄弱环节，如隔膜式安全泄压阀，当压力过大时，隔膜会因超压而破裂，使内部压力保持在规定限度内。结构薄弱环节，如主动联轴节中的剪切销，当持续过载会损坏传动设备或从动设备时，剪切销会先切断，保证设备的安全。

6.2.2.3　个体防护

个体防护是把人体与意外释放能量或危险物质隔离开，是一种不得已的隔离措施，却是保护人身安全的最后一道防线。其应用范围和使用方式很广，可以从一副简单的防噪声耳塞到一套完整带有生命保障设备的宇航员太空服。

6.2.2.4　避难和救援

当事故发生到不可控制的程度时，则应采取措施逃离事故影响区域，或采取避难等自我保护措施和为救援创造一个可行的条件。这时人们往往依赖避难或救援措施以获得继续生存的条件。

避难是指人们使用本身携带的资源自身救护所做的努力。救援是指其他人员救护在紧急情况下有危险的人员所做的努力。也就是说，避难主要依靠自身，是自救；救援主要依靠他人。

总体上说，安全技术措施包括预防事故的安全技术和控制事故的安全技术，每一类又包含很多手段。实际应用中应合理选用，尽可能地保证人员和财产安全。

6.3 安全教育对策

视频资源：6.3 安全教育对策

用安全技术手段消除或控制事故是解决安全问题的最佳选择。但无论科学技术发展到何种程度，都有约束人的行为的必要。一方面，科学技术的发展可能会解决一些安全问题，但同时也可能滋生新的事故灾难。比如安全气囊可以为乘客提供有效的防撞保护，也有可能因操作不当对人造成伤害。另一方面，由于成本和技术水平等原因或者风险相对较小，有些风险通过对人加以制约就可以达到可接受水平。比如有些道路不设置天桥，人遵守交通规则也能降低风险。

相对于用制度和法规对人的制约，安全教育是采用一种和缓的说服、诱导的方式，更容易被大多数人所接受；而且通过接受安全教育，人们会逐渐提高其安全素质，使得其在面对新环境、新条件时，仍有一定的保证安全的能力和手段。为此，安全教育是事故预防与控制的重要手段之一。

6.3.1 安全教育的含义

所谓安全教育，严格讲应包括安全教育和安全培训两大部分。前者主要以提高人的安全意识为主，辅以一些通用的安全知识与技能。安全教育形式多样，包括学校的教育、媒体宣传、政策导向等，其根本目的是让人们学会从安全的角度观察和分析要从事的活动和面临的形势，用安全的观点解释和处理自己遇到的问题，避免负面后果的发生。安全教育是长时期的甚至贯穿于人的一生的，并在人的所有行为中体现出来，与其所从事的职业并无直接关系。而后者虽然也包含有关教育的内容，但其内容相对于安全教育要具体得多，范围要小得多，主要是一种知识的积累和技能的培训，针对性也很强。安全培训的主要目的是使人掌握在某种特定的作业或环境下正确并安全地完成其应完成的任务，故也有人称在生产领域的安全培训为安全生产教育。

6.3.2 安全教育的内容

安全教育的内容主要包括：安全知识教育、安全技能教育和安全思想教育三个方面。其中，安全知识教育使操作者了解生产操作过程中潜在的危险因素及防范措施，解决“知”的问题；安全技能教育使操作者掌握和提高操作的熟练程度，解决“会”的问题；安全思想教育使操作者尽可能地实行安全技能，解决“行”的问题。三种教育内容相辅相成，缺一不可。

6.3.2.1 安全知识教育

安全知识教育包括安全管理知识教育和安全技术知识教育。对于那些主要依赖于操作者自身能力控制危险且若识别或应对不当后果较为严重的作业，安全知识教育尤其重要。

（1）安全管理知识。安全管理知识包括对安全管理组织机构、管理体制、基本安全管理方法及安全心理学、安全人机工程学、系统安全工程等方面的知识。通过对这些知识的学习，可使各级领导和职工真正认清事故是可以预防的；避免事故发生的管理措施和技术措施要符合人的生理和心理特点；安全管理是科学的管理，是科学性与艺术性的高度结合。

(2) 安全技术知识教育。安全技术知识教育包括一般生产技术知识教育、一般安全技术知识教育和专业安全技术知识教育。

一般生产技术知识教育，主要包括企业的基本生产概况、生产技术过程、作业方式或工艺流程，与生产技术过程和作业方法相适应的各种机器设备的性能和相关知识，工人在生产中积累的生产操作技能和经验，以及产品的构造、性能、质量和规格等。

一般安全技术知识是企业所有职工都必须具备的安全技术知识。它主要包括企业内的危险设备的区域及其安全防护的基本知识和注意事项，有关电气设备（动力及照明）的基本安全知识，生产中使用的有毒有害原材料或可能散发的有毒有害物质的安全防护基本知识，企业中一般消防制度和规划，个人防护装备的正确使用，事故应急方法以及伤亡事故报告等。

专业安全技术知识是指某一作业的职工必须具备的专业安全技术知识。它主要包括安全技术知识、工业卫生技术知识和根据这些技术知识和经验制定的各种安全操作技术规程等。

6.3.2.2 安全技能教育

在现代化企业生产中，仅有安全技术知识，并不等于能够安全从事生产操作，还必须把安全技术知识变成进行安全操作的本领，才能取得预期的安全效果。要实现从“知道”到“会做”的过程，就要借助于安全技能培训。

一般来说，安全技能的形成分为三个阶段：掌握局部动作的阶段、初步掌握完整动作阶段、动作的协调和完善阶段。这三个阶段的变化表现在行为结构的改变、行为速度和品质的提高以及行为协调能力的增强等三个方面。三个阶段的表现如表 6-2 所示。

表 6-2 安全技能形成的三个阶段的表现

阶　段	行为结构	行为速度和品质	行为协调能力
掌握局部动作的阶段	动作吃力、不协调，动作间有干扰现象，并伴随一些多余动作	动作速度慢，常发生错误	注意范围小，整个过程借助视觉控制和调节，视觉与动觉不协调
初步掌握完整动作阶段	能比较顺利地连贯完成完整动作技术。动作间干扰现象和多余动作减少，但交替部分有时停顿	动作速度加快，开始能自己发现和改正错误	注意范围扩大，肌肉运动感觉变得比较明晰精确，视觉与动作逐步建立协调关系，视觉控制减少
动作的协调和完善阶段	动作协调完善，能高度准确、熟练和省力地完成动作，并能随机应变、灵活自如地应用	动作快速、准确、近乎自动化	注意范围扩大、肌肉运动表象更加清晰稳定，动觉控制代替视觉控制，形成动作连锁，意识控制减少到最低限度，有高度适应性，自我感觉良好

安全技能培训包括正常作业的安全技能培训和异常情况的处理技能培训。安全技能培训应按照标准化作业要求来进行。为此，进行安全技能培训应预先制定作业标准或异常情况时的处理标准，有计划有步骤地进行培训。

6.3.2.3 安全思想教育

安全思想教育是从人们的思想意识方面进行培养和学习，包括安全意识教育、安全生产方针教育和法纪教育。

（1）安全意识是人们在长期生产、生活等各项活动中逐渐形成对安全问题的认识程度，安全意识的高低直接影响着安全效果。因此，在生产和社会活动中，要通过实践活动加强对安全问题的认识并使其逐步深化，形成科学的安全观。这也是安全意识教育的根本目的。

（2）安全生产方针教育是对企业的各级领导者和广大职工进行有关安全生产的方针、政策和制度的宣传教育。我国的安全生产方针是“安全第一，预防为主，综合治理”，只有充分认识和理解其深刻含义，才能在实践中处理好安全与生产的关系。特别是当安全与生产发生矛盾时，应首先解决好安全问题，切实把安全工作提高到关系全局及稳定的高度来认识，把安全视作企业的头等大事，从而提高企业安全生产的责任感与自觉性。

（3）法纪教育是安全法规、规章制度、劳动纪律等方面的教育。安全生产法律、法规是方针、政策的具体化和法律化。通过法纪教育，使人们懂得安全法规和安全规章制度是实践经验的总结，它们反映出安全生产的客观规律，自觉地遵守法律法规，安全生产就有了基本保证。同时，通过法纪教育还要使人们懂得，法律带有强制的性质，如果违章违法，造成了严重的事故后果，就要受到法律的制裁。

6.3.3 安全培训的规定

为加强和规范生产经营单位安全培训工作，提高从业人员安全素质，防范伤亡事故，减轻职业危害，根据安全生产法和有关法律、行政法规，2005 年 12 月 28 日国家安全生产监督管理总局局长办公会议审议通过了《生产经营单位安全培训规定》。该规定自 2006 年 3 月 1 日起施行，后于 2013 年进行了第一次修订，2015 年进行了第二次修正。《生产经营单位安全培训规定》对从业人员的培训内容、培训学时、培训标准和培训大纲的制定、培训的组织实施、培训的监督管理都进行了详细的规定。

安全培训的从业人员包括主要负责人、安全生产管理人员、特种作业人员和其他从业人员。其中：

主要负责人，是指有限责任公司或者股份有限公司的董事长、总经理，其他生产经营单位的厂长、经理、（矿务局）局长、矿长（含实际控制人）等。

安全生产管理人员，是指生产经营单位分管安全生产的负责人、安全生产管理机构负责人及其管理人员，以及未设安全生产管理机构的生产经营单位专、兼职安全生产管理人员等。

特种作业人员，是指直接从事特种作业的从业人员。特种作业的范围包括：电工作业、焊接与热切割作业、高处作业、制冷与空调作业、煤矿安全作业、金属非金属矿山安全作业、石油天然气安全作业、冶金（有色）生产安全作业、危险化学品安全作业、烟花爆竹安全作业、应急管理部认定的其他作业。

其他从业人员，是指除主要负责人、安全生产管理人员和特种作业人员以外，该单位从事生产经营活动的所有人员，包括其他负责人、其他管理人员、技术人员和各岗位的工人以及临时聘用的人员。

6.3.3.1 主要负责人、安全生产管理人员的培训内容和时间

A 初次培训的主要内容

企业主要负责人与安全管理人员的初次培训内容见表6-3。从中看出，生产经营单位主要负责人和安全管理人员的初次培训内容有很多相似之处，不同之处主要表现在第3、4条内容上。这是由于两者的工作性质不同，安全管理人员的培训内容更为具体。

表6-3 企业主要负责人与安全管理人员的初次培训内容

企业主要负责人的初次培训内容	安全管理人员的初次培训内容
1. 国家安全生产方针、政策和有关安全生产的法律、法规、规章及标准	1. 国家安全生产方针、政策和有关安全生产的法律、法规、规章及标准
2. 安全生产管理基本知识、安全生产技术、安全生产专业知识	2. 安全生产管理、安全生产技术、职业卫生等知识
3. 重大危险源管理、重大事故防范、应急管理和救援组织以及事故调查处理的有关规定	3. 伤亡事故统计、报告及职业危害的调查处理方法
4. 职业危害及其预防措施	4. 应急管理、应急预案编制以及应急处置的内容和要求
5. 国内外先进的安全生产管理经验	5. 国内外先进的安全生产管理经验
6. 典型事故和应急救援案例分析	6. 典型事故和应急救援案例分析
7. 其他需要培训的内容	7. 其他需要培训的内容

B 再培训的主要内容

对已经取得上岗资格证书的企业主要负责人与安全管理人员，应定期进行再培训，再培训的主要内容包括：

（1）新知识、新技术和新颁布的政策、法规；

（2）有关安全生产的法律法规、规章、规程、标准和政策；

（3）安全生产的新技术、新知识；

（4）安全生产管理经验；

（5）典型事故案例。

C 培训时间

（1）煤矿、非煤矿山、危险化学品、烟花爆竹、金属冶炼等生产经营单位主要负责人、安全管理人员初次安全培训时间不得少于48学时，每年再培训时间不得少于16学时。

（2）其他生产经营单位主要负责人、安全管理人员初次安全培训时间不得少于32学时，每年再培训时间不得少于12学时。

6.3.3.2 特种作业人员的培训内容和时间

特种作业人员应当接受与其所从事的特种作业相应的安全技术理论培训和实际操作培训。跨省、自治区、直辖市从业的特种作业人员，可以在户籍所在地或者从业所在地参加

培训。从事特种作业人员安全技术培训的机构，应当制订相应的培训计划、教学安排，并按照应急管理部、国家煤矿监察局制定的特种作业人员培训大纲和煤矿特种作业人员培训大纲进行特种作业人员的安全技术培训。

特种作业操作证有效期为6年，在全国范围内有效。特种作业操作证由应急管理部统一式样、标准及编号。特种作业操作证每3年复审1次。特种作业人员在特种作业操作证有效期内，连续从事本工种10年以上，严格遵守有关安全生产法律法规的，经原考核发证机关或者从业所在地考核发证机关同意，特种作业操作证的复审时间可以延长至每6年1次。

特种作业操作证申请复审或者延期复审前，特种作业人员应当参加必要的安全培训并考试合格。安全培训时间不少于8个学时，主要培训法律法规、标准、事故案例和有关新工艺、新技术、新装备等知识。再复审、延期复审仍不合格，或者未按期复审的，特种作业操作证失效。

1. 李某是甲电力企业的一名电工，持有特种作业操作证，2018年3月由于工作需要离开原有岗位，到新岗位任职。于2019年8月重新回到自己原有岗位。下列关于李某的教育培训说法正确的是（B）。

A. 李某到新岗位应重新进行新岗位安全教育培训，但回到原岗位不需要进行安全教育培训

B. 李某的特种作业操作证在全国范围内有效

C. 特种作业操作证有效期为6年，每2年复审一次1次

D. 特种作业操作证在有效期，连续从事本工种15年以上，复审时间可以延长至6年

2. 某企业生产系统包括物料装卸、场内传送，电气、热力等生产系统，且相互关联。根据相关规定，企业要求有关作业人员必须取得政府部门颁发的作业资格证书。下列作业人员中，应取得作业资格证书的是（　　）。

A. 物料装卸工　　B. 热力操作员　　C. 皮带运行工　　D. 架子工

分析： D项正确。根据《特种作业人员安全技术培训考核管理规定》，高处作业属于特种作业范围，高处作业包括：登高架设作业（指在高处从事脚手架、跨越架架设或拆除的作业）和高处安装、维护、拆除作业（指在高处从事安装、维护、拆除的作业）。

6.3.3.3 其他从业人员的教育培训

A 三级安全教育培训

三级安全教育是指厂、车间、班组的安全教育。厂级安全教育是对新入厂的工人（包括到工厂参观、生产实习的人员和参加劳动的学生，以及外单位调动工作来厂的工人）的厂一级的安全教育。车间级安全教育培训是在从业人员工作岗位、工作内容基本确定后进行，由车间一级组织。班组级安全教育培训是在从业人员工作岗位确定后，由班组组织，班组长、班组技术员、安全员对其进行安全教育培训，除此之外自我学习是重点。进入班组的新从业人员，都应有具体的跟班学习、实习期，实习期间不得安排单独上

岗作业。

三级安全教育内容见表6-4，厂级安全培训主要指导从业人员了解全厂情况，车间级安全培训侧重帮助从业人员了解车间情况，班组级安全培训侧重传授具体操作知识。三级教育从整体到局部、从宏观到具体，循序渐进地使员工了解和熟悉企业安全生产情况，对员工的影响较大。

表6-4 三级安全培训内容

厂级 岗前安全培训内容	车间级 岗前安全培训内容	班组级 岗前安全培训内容
1. 本单位安全生产情况及安全生产基本知识； 2. 本单位安全生产规章制度和劳动纪律； 3. 从业人员安全生产权利和义务； 4. 有关事故案例等。 煤矿、非煤矿山、危险化学品、烟花爆竹、金属冶炼等生产经营单位厂（矿）级安全培训除包括上述内容外，应当增加事故应急救援、事故应急预案演练及防范措施等内容	1. 工作环境及危险因素； 2. 所从事工种可能遭受的职业伤害和伤亡事故； 3. 所从事工种的安全职责、操作技能及强制性标准； 4. 自救互救、急救方法、疏散和现场紧急情况的处理； 5. 安全设备设施、个人防护用品的使用和维护； 6. 本车间（工段、区、队）安全生产状况及规章制度； 7. 预防事故和职业危害的措施及应注意的安全事项； 8. 有关事故案例； 9. 其他需要培训的内容	1. 岗位安全操作规程； 2. 岗位之间工作衔接配合的安全与职业卫生事项； 3. 有关事故案例； 4. 其他需要培训的内容

生产经营单位新上岗的从业人员，岗前安全培训时间不得少于24学时。煤矿、非煤矿山、危险化学品、烟花爆竹、金属冶炼等生产经营单位新上岗的从业人员安全培训时间不得少于72学时，每年再培训的时间不得少于20学时。

某轨道交通企业，由于业务范围扩大，从某职业学院招聘实习生20名，接收某公司劳务派遣人员15名，由该企业人事部门负责培训工作。关于培训教育的说法，正确的是（D）。

A. 招聘的实习生实习期间要单独上岗作业，提高岗位操作水平

B. 实习生和劳务派遣人员的初次安全培训时间不得少于20学时

C. 实习期的人员每年复审培训时间不得少于8学时

D. 实习生和劳务派遣人员班组级教育培训由所在班组组织实施

B 调整工作岗位或离岗后重新上岗安全教育培训

从业人员调整工作岗位后，由于岗位工作特点、要求不同，应重新进行新岗位安全教育培训，并经考试合格后方可上岗作业。

由于工作需要或其他原因离开岗位后，重新上岗作业应重新进行安全教育培训，经考试合格后，方可上岗作业。由于工作性质不同，离开岗位时间可按照行业规定或生产经营单位自行规定，行业规定或生产经营单位自行规定的离开岗位时间应高于国家规定。原则上，作业岗位安全风险较大，技能要求较高的岗位，时间间隔应短一些。例如，电力行业

规定为3个月。

调整工作岗位和离岗后重新上岗的安全教育培训工作，原则上应由车间级组织。

C 岗位安全教育培训

岗位安全教育培训是指连续在岗位工作的安全教育培训工作，主要包括日常安全教育培训、定期安全考试和专题安全教育培训三个方面。

日常安全教育培训主要以车间、班组为单位组织开展，重点是安全操作规程的学习培训、安全生产规章制度的学习培训、作业岗位安全风险辨识培训、事故案例教育等。日常安全教育培训工作形式多样，内容丰富，根据行业或生产经营单位的特点不同而各具特色。我国电力行业有班前会、班后会制度，“安全日活动”制度。在班前会上，在布置当天工作任务的同时，开展作业前安全风险分析，制定预控措施，明确工作的监护人等。工作结束后，对当天作业的安全情况进行总结分析、点评等。“安全日活动”，即每周必须安排半天的时间统一由班组或车间组织安全学习培训，企业的领导、职能部门的领导及专职安全监督人员深入班组参加活动。

定期安全考试是指生产经营单位组织的定期安全工作规程、规章制度、事故案例的学习和培训，学习培训的方式较为灵活，但考试统一组织。定期安全考试不合格者，应下岗接受培训，考试合格后方可上岗作业。

专题安全教育培训是指针对某一具体问题进行专门的培训工作。专题安全教育培训工作针对性强，效果比较突出。通常开展的内容有“三新”安全教育培训，法律法规及规章制度培训，事故案例培训，安全知识竞赛、技术比武等。

“三新”安全教育培训是生产经营单位实施新工艺、新技术、新设备（新材料）时，组织相关岗位对从业人员进行有针对性的安全生产教育培训。法律法规及规章制度培训是指国家颁布的有关安全生产法律法规，或生产经营单位制定新的有关安全生产规章制度后，组织开展的培训活动。事故案例培训是指在生产经营单位发生生产安全事故或获得与本单位生产经营活动相关的事故案例信息后，开展的安全教育培训活动。有条件的生产经营单位还应该举办经常性的安全生产知识竞赛、技术比武等活动，提高从业人员对安全教育培训的兴趣，推动岗位学习和练兵活动。

在安全生产的具体实践过程中，生产经营单位还采取了其他许多宣传教育培训的方式方法，如班组安全管理制度，警句、格言上墙活动，利用闭路电视、报纸、黑板报、橱窗等进行安全宣传教育，利用漫画等形式解释安全规程制度，在生产现场曾经发生过生产安全事故的地点设置警示牌，组织事故回顾展览等。

生产经营单位还应以国家组织开展的全国“安全生产月”活动为契机，结合生产经营的性质、特点，开展内容丰富、灵活多样、具有针对性的各种安全教育培训活动，提高各级人员的安全意识和综合素质。目前，我国许多生产经营单位都在有计划、有步骤地开展企业安全文化建设，对保持安全生产局面稳定，提高安全生产管理水平发挥了重要作用。

6.3.3.4 培训标准和培训大纲

非煤矿山、危险化学品、烟花爆竹、金属冶炼等生产经营单位主要负责人和安全生产管理人员的安全培训大纲及考核标准由国家安全生产监督管理总局统一制定。

煤矿主要负责人和安全生产管理人员的安全培训大纲及考核标准由国家煤矿安全监察

局制定。

煤矿、非煤矿山、危险化学品、烟花爆竹、金属冶炼以外的其他生产经营单位主要负责人和安全管理人员的安全培训大纲及考核标准，由省、自治区、直辖市安全生产监督管理部门制定。

6.3.3.5 安全培训的组织实施

生产经营单位从业人员的安全培训工作，由生产经营单位组织实施。生产经营单位应当坚持以考促学、以讲促学，确保全体从业人员熟练掌握岗位安全生产知识和技能；煤矿、非煤矿山、危险化学品、烟花爆竹、金属冶炼等生产经营单位还应当完善和落实师傅带徒弟制度。

具备安全培训条件的生产经营单位，应当以自主培训为主；可以委托具备安全培训条件的机构，对从业人员进行安全培训。不具备安全培训条件的生产经营单位，应当委托具备安全培训条件的机构，对从业人员进行安全培训。生产经营单位委托其他机构进行安全培训的，保证安全培训的责任仍由本单位负责。

生产经营单位应当将安全培训工作纳入本单位年度工作计划。保证本单位安全培训工作所需资金。生产经营单位的主要负责人负责组织制订并实施本单位安全培训计划。

生产经营单位应当建立健全从业人员安全生产教育和培训档案，由生产经营单位的安全生产管理机构以及安全生产管理人员详细、准确记录培训的时间、内容、参加人员以及考核结果等情况。生产经营单位安排从业人员进行安全培训期间，应当支付工资和必要的费用。

6.3.3.6 安全培训的监督管理

生产经营单位负责本单位从业人员安全培训工作，但为了保证培训效果，相关部门会对企业安全培训情况进行监督。

煤矿、非煤矿山、危险化学品、烟花爆竹、金属冶炼等生产经营单位主要负责人和安全生产管理人员，自任职之日起6个月内，必须经安全生产监管监察部门对其安全生产知识和管理能力考核合格。

安全生产监管监察部门依法对生产经营单位安全培训情况进行监督检查；县级以上地方人民政府负责煤矿安全生产监督管理的部门对煤矿井下作业人员的安全培训情况进行监督检查；煤矿安全监察机构对煤矿特种作业人员安全培训及其持证上岗的情况进行监督检查。

各级安全生产监管监察部门对生产经营单位安全培训及其持证上岗的情况进行监督检查，主要包括以下内容：

（1）安全培训制度、计划的制订及其实施的情况；

（2）煤矿、非煤矿山、危险化学品、烟花爆竹、金属冶炼等生产经营单位主要负责人和安全生产管理人员安全培训以及安全生产知识和管理能力考核的情况；其他生产经营单位主要负责人和安全生产管理人员培训的情况；

（3）特种作业人员操作资格证持证上岗的情况；

（4）建立安全生产教育和培训档案，并如实记录的情况；

（5）对从业人员现场抽考本职工作的安全生产知识；

（6）其他需要检查的内容。

总体上而言，安全教育是事故预防与控制的重要手段之一。安全教育主要包括安全知识教育、安全技能教育、安全态度教育，三者相辅相成，缺一不可。安全教育的对象不同，安全教育的侧重点有所不同。管理者的安全教育以安全意识的提高为主，生产岗位职工更注重安全知识和技能的教育。

6.4 安全管理对策

视频资源：6.4 安全管理对策

在事故预防与控制措施中，安全技术对策是最佳选择，因为它不受人的行为影响。安全教育对策极易为大多数人接受，因为它采取的方式较为缓和。但是，安全技术对策受到技术水平、经济条件的制约。安全教育对策大多数情况下，不能保证所有人都自觉遵守各项安全规章制度。安全管理对策是一种必不可少的控制人的行为、进而控制事故的重要手段。

安全管理对策又称“安全强制”或“安全法制”，是指用各种规章制度、奖励条例等约束人的行为和自由，以达到控制人的不安全行为并间接控制物的不安全状态、减少事故发生的目的。

安全管理对策主要包括以企业为主体的安全检查、以政府为主体的安全审查和以中介机构为主体的安全评价。只有将三种手段结合起来运用，才能做好事故预防控制与工作。

6.4.1 安全检查

安全检查是安全生产管理工作中的一项重要内容。它通过及时发现检查对象的变化，从中找到可能导致事故的因素，采取措施，从而预防事故发生。

6.4.1.1 安全生产检查的类型

安全检查的形式多样。按检查的性质，可分为一般性检查、专业性检查、季节性检查和节假日前后的检查等。

（1）一般性检查又称普遍检查，是一种经常的、普遍性的检查。其特点是：面面俱到，而缺乏深度。企业主管部门一般每年进行 1 ~2 次，企业一般每年进行 2 ~4 次，基层单位每月或每周进行 1 次，专职安全人员则是日常安全检查。

（2）专业性检查是针对特殊作业、特殊设备、特殊场所进行的检查。特殊作业指风险性较大的作业。比如脚手架作业、焊接作业等。特殊设备指以特种设备为主的设备。比如电梯、锅炉等。特殊场所指尘、毒、易燃易爆场所。比如加油站等。

（3）季节性检查是根据季节性特点进行的检查。春季风大，着重防火。夏季高温多雨，着重降温防汛。冬季寒冷，着重防寒、防冻、防滑。

（4）节假日前后的检查是指节日前、节日后开展的检查。因为节前节后职工容易精力分散，所以需要开展安全检查。

安全检查按检查的方式，可分为定期检查、突击检查、连续检查、专项检查等。

（1）定期检查是指每隔一定时间进行一次的检查，具有计划性。这种检查可以是全场性的，也可以是针对某种操作、某类设备的。间隔的时间可以是一个月、半年、一年或者任何适当的间隔期，其时间长短与被检查对象安全性能的时间特性密切相关。

定期检查是安全检查的主要方式。但由于该检查的计划性，也容易造成企业或部门的突击应付。

（2）突击检查是一种无固定间隔时间的检查。它是对某个特殊部门、特殊设备或某一工作区域进行的，而且事前未曾宣布的一种检查。这种检查可促进管理人员对安全重视，促进他们预先做好检查并改进缺陷。

（3）连续检查是对某些设备的运行状况和操作进行长时间的观察，及时发现不正常情况，并予以调整及维护的一种安全检查方式。

（4）专项检查是针对特种作业、特种设备、特殊作业场所开展的安全检查，调查了解某个专业性安全问题的技术状况。专业性检查除了由企业有关部门进行外，上级有关部门也指定专业安全技术人员进行定期检查，国家对这类检查也有专门的规定。不经有关部门检查许可，设备不得使用。

6.4.1.2 安全生产检查的内容

安全生产检查的内容包括软件系统和硬件系统。软件系统主要是查思想、查意识、查制度、查管理、查事故处理、查隐患、查整改。硬件系统主要是查生产设备、查辅助设施、查安全设施、查作业环境。

安全生产检查具体内容应本着突出重点的原则进行确定。对于危险性大、易发事故、事故危害大的生产系统、部位、装置、设备等应加强检查。

对非矿山企业，目前国家有关规定要求强制性检查的项目有：锅炉、压力容器、压力管道、高压医用氧舱、起重机、电梯、自动扶梯、施工升降机、简易升降机、防爆电器、厂内机动车辆、客运索道、游艺机及游乐设施等，作业场所的粉尘、噪声、振动、辐射、温度和有毒物质的浓度等。

对矿山企业，目前国家有关规定要求强制性检查的项目有：矿井风量、风质、风速及井下温度、湿度、噪声；瓦斯、粉尘；矿山放射性物质及其他有毒有害物质；露天矿山边坡；尾矿坝；提升、运输、装载、通风、排水、瓦斯抽放、压缩空气和起重设备；各种防爆电器、电器安全保护装置；矿灯、钢丝绳等；瓦斯、粉尘及其他有毒有害物质检测仪器、仪表；自救器；救护设备；安全帽；防尘口罩或面罩；防护服、防护鞋；防噪声耳塞、耳罩。

6.4.1.3 安全生产检查的工作程序

（1）安全检查准备。

1）确定检查对象、目的、任务。

2）查阅、掌握有关法规、标准、规程的要求。

3）了解检查对象的工艺流程、生产情况、可能出现危险和危害的情况。

4）制订检查计划，安排检查内容、方法、步骤。

5）编写安全检查表或检查提纲。

6）准备必要的检测工具、仪器、书写表格或记录本。

7）挑选和训练检查人员并进行必要的分工等。

（2）实施安全检查。实施安全检查就是通过访谈、查阅文件和记录、现场观察、仪器测量的方式获取信息。

1）访谈。通过与有关人员谈话来检查安全意识和规章制度执行情况等。

2）查阅文件和记录。检查设计文件、作业规程、安全措施、责任制度、操作规程等是否齐全，是否有效；查阅相应记录，判断上述文件是否被执行。

3）现场观察。对作业现场的生产设备、安全防护设施、作业环境、人员操作等进行观察，寻找不安全因素、事故隐患、事故征兆等。

4）仪器测量。利用一定的检测检验仪器设备，对在用的设施、设备、器材状况及作业环境条件等进行测量，发现隐患。

（3）综合分析。经现场检查和数据分析后，检查人员应对检查情况进行综合分析，提出检查的结论和意见。一般来讲，生产经营单位自行组织的各类安全检查，应由安全管理部门会同有关部门对检查结果进行综合分析；上级主管部门或地方政府负有安全生产监督管理职责的部门组织的安全检查，由检查组统一研究得出检查意见或结论。

（4）结果反馈。现场检查和综合分析完成后，应将检查的结论和意见反馈至被检查对象。结果反馈形式可以是现场反馈，也可以是书面反馈。现场反馈的周期较短，可以及时将检查中发现的问题反馈至被检查对象。书面反馈的周期较长但比较正式，上级主管部门或地方政府负有安全生产监督管理职责的部门组织的安全检查，在作出正式结论和意见后，应通过书面反馈的形式将检查结论和意见反馈至被检查对象。

（5）提出整改要求。检查结束后，针对检查发现的问题，应根据问题性质的不同，提出相应的整改措施和要求。生产经营单位自行组织的安全检查，由安全管理部门会同有关部门，共同制订整改措施计划并组织实施；由上级主管部门或地方政府负有安全生产监督管理职责的部门组织的安全检查，检查组提出书面的整改要求后，生产经营单位组织相关部门制订整改措施计划。

（6）整改落实。对安全检查发现的问题和隐患，生产经营单位应制订整改计划，建立安全生产问题隐患台账，定期跟踪隐患的整改落实情况，确保隐患按要求整改完成，形成隐患整改的闭环管理。安全生产问题隐患台账应包括隐患分类、隐患描述、问题依据、整改要求、整改责任单位、整改期限等内容。

（7）信息反馈及持续改进。生产经营单位自行组织的安全检查，在整改措施计划完成后，安全管理部门应组织有人员进行验收。对于上级主管部门或地方政府负有安全生产监督管理职责的部门组织的安全检查，在整改措施完成后，应及时上报整改完成情况，申请复查或验收。

6.4.2 安全审查

安全检查主要是为了改善企业现实安全生产状况，消除或控制现有设备、设施存在的危险因素和事故隐患。有没有一种安全管理手段，将危险有害因素消灭在企业建设投产前呢？

安全审查就是要保证在早期设计阶段尽可能将危险降到最低程度。我国在安全生产审查工作中形成了一套较为完整且颇具特色的制度——“三同时”审查验收制度。即生产经营单位新建、改建、扩建工程项目（以下统称建设项目）的安全设施，必须与主体工程同时设计、同时施工、同时投入生产和使用。安全设施投资应当纳入建设项目概算。

如何保证三同时落实到位呢？政府将在项目生命周期的关键点上做好审查。具体来说包括三个环节：可行性研究审查、初步设计审查和竣工验收审查，具体见图6-2。

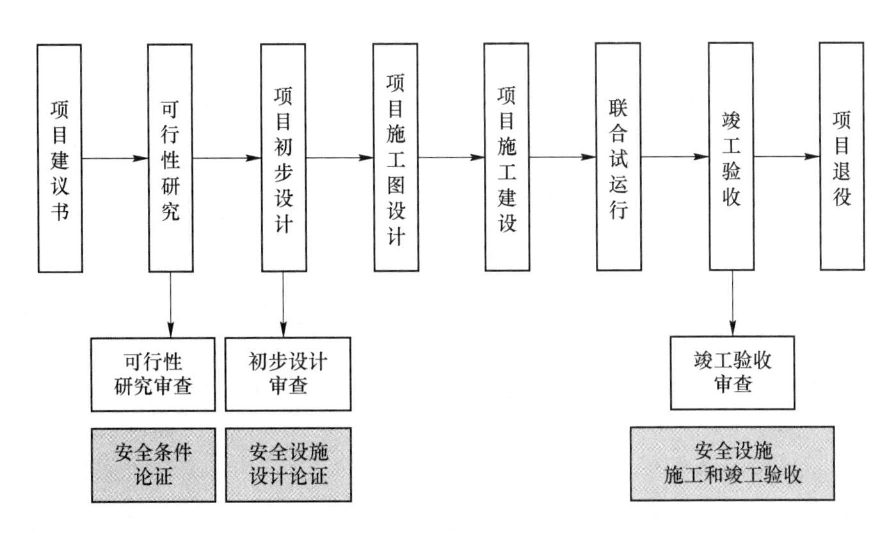

图6-2 项目安全审查节点图

(1) 可行性研究审查。可行性审查即建设项目安全条件论证，是对建设单位提供的建设项目可行性研究报告中的职业安全卫生部分的内容，运用科学的评价方法，依据国家法律、法规及行业标准，分析、预测该建设项目存在的危险，有害因素的种类和危险危害程度，提出科学、合理及可行的劳动安全卫生技术措施和管理对策，作为该建设项目初步设计中劳动安全卫生设计和建设项目劳动安全卫生管理的主要依据，供国家安全生产管理部门进行监察时参考。

审查的内容主要包括生产过程中可能产生的主要职业危害、预计危害程度、造成危害的因素及其所在部位或区域，可能接触职业危害的职工人数，使用和生产的主要有毒有害物质、易燃易爆物质的名称、数量，职业危害治理的方案及其可行性论证，职业安全卫生措施专项投资估算，实现治理措施的预期效果，技术投资方面存在的问题和解决方案等。

(2) 初步设计审查。项目可行性研究审查通过后，企业可以设计项目。初步设计审查即建设项目安全设施设计审查，是在可行性研究报告的基础上，按照建设项目初步设计《安全专篇》的内容和要求，根据有关标准、规范对其进行全面深入的分析，提出建设项目中职业安全卫生方面的结论性意见。初步设计审查涉及九个方面的内容，即设计依据、工程概述、建筑及场地布置、生产过程中职业危害因素的分析、职业安全卫生设计中采用的主要防范措施、预期效果评价、安全卫生机构设置及人员配备、专用投资概算、存在的问题和建议等。

(3) 竣工验收审查。企业建设完成，试生产之后，正式投入生产之前，还要进行竣工验收审查，即建设项目安全设施施工和竣工验收审查。竣工验收审查是按照《安全专篇》规定的内容和要求，对职业安全卫生工程质量及其分类的实施进行全面系统的分析和审查，并对建设项目作出职业安全卫生措施的效果评价。竣工验收审查是强制性的。

安全审查的专业性较强，审查过程中政府往往需要借助专家与中介机构的力量，但终究是依靠政府的职能实现。

6.4.3 安全评价

安全评价是指以实现安全为目的，应用安全系统工程原理和方法，辨识与分析工程、系统、生产经营活动中的危险、有害因素，预测发生事故或造成职业危害的可能性及其严重程度，提出科学、合理、可行的安全对策措施建议，做出评价结论的活动。

安全评价的分类方式很多。按照实施阶段的不同，安全评价可以分为三类：安全预评价、安全验收评价、安全现状评价。从分类我们可以看出，这三种安全评价是在一个项目生命周期的三个关键点上开展的。一个是在项目设计之前，即安全预评价。一个是在项目正式运行之前，即安全验收评价。一个是在正式运行之后，即安全现状评价。这很好地体现了系统安全生命周期的思想，保证项目在其整个过程中的安全状态都达到可接受水平。

6.4.3.1 安全预评价

安全预评价是在建设项目可行性研究阶段、工业园区规划阶段或生产经营活动组织实施之前，根据相关的基础资料，辨识与分析建设项目、工业园区、生产经营活动潜在的危险、有害因素，确定其与安全生产法律法规、标准、规范的符合性，预测发生事故的可能性及其严重程度，提出科学、合理、可行的安全对策、措施、建议，做出安全评价结论的活动。

由于是在可行性研究报告的基础上进行安全评价且其主要是为项目的初步设计提出要求或建议，所以实施安全预评价的根本目的是实现被评价项目的本质安全化。因此安全预评价应当以技术为主，包括工艺选择、设备选型、企业布局等与本质安全化相关的因素应当是其重点考虑的内容。同时，由于预评价阶段相关数据资料的有限性，因而安全预评价应当以定性评价为主，也可借鉴相似系统的数据资料辅以一些定量评价的内容。

6.4.3.2 安全验收评价

安全验收评价是在建设项目竣工后、正式生产运行前或工业园区建设完成后，通过检查建设项目安全设施与主体工程同时设计、同时施工、同时投入生产和使用的情况或工业园区内的安全设施、设备、装置投入生产和使用的情况，检查安全生产管理措施到位情况，检查安全生产规章制度健全情况，检查事故应急救援预案建立情况，审查确定建设项目、工业园区建设满足生产法律法规、规章、标准、规范要求的符合性，从整体上确定建设项目、工业园区的运行状况和安全管理情况，做出安全验收评价结论的活动。

安全验收评价起着一个承上启下的作用，也是项目投入实际运行的关键环节。由于此时项目一般已经试运行半年左右，有了一些安全相关数据资料的积累，如设备故障记录、未遂事故或事故调查统计与结论、员工交接班记录等，但并不完整，故安全验收评价应当尽可能地应用这些数据资料以求更深层次地了解项目的安全状态与条件，应当进行半定量或者说定性定量相结合的评价。此外，其管理制度也正处于完善之中，而因其已试运行相当一段时间，且设备设施等均已到位，只能进行局部的整改，故而此时应技术与管理并重进行安全验收评价。特别应该关注相对于安全预评价报告要求所发生的变化及其由此带来的风险的变化，重新判定风险可接受与否，进而保证运行阶段的安全。

6.4.3.3 安全现状评价

安全现状评价是针对生产经营活动中、工业园区内的事故风险、安全管理情况，辨识与分析其存在的危险、有害因素，审查确定其与安全生产法律法规、规章、标准、规范要求的符合性，预测发生事故或造成职业危害的可能性及其严重程度，提出科学、合理、可行的安全对策措施建议，做出安全现状评价结论的活动。

由于项目运行的时间较长，安全现状评价不同于安全预评价、安全验收评价，它不是一次性的，而是每隔一定时间进行一次。

6.4.4 三者之间的关系

通过以上的分析我们可以看出，安全管理对策是必不可少的预防和控制事故的手段。以企业为主体的安全检查、以政府为主体的安全审查和以中介机构为主体的安全评价相辅相成。

任何项目，其全生命周期的典型阶段包括构思、设计、施工、试运行、投入使用和报废等部分，而安全检查、安全审查及安全评价三大手段则贯穿于其中，相互交织在一起，共同起到保障安全的作用，见图6-3。项目可行性研究报告后，是安全预评价及以此为依据的可行性研究审查；根据审查提出的要求进行初步设计后，紧接着就是初步设计审查及工程施工。施工完成，试运行结束后，进行安全验收评价及竣工验收审查。通过审查后，就是正式运行及每隔一定时间进行的安全现状评价。企业内部的安全检查是贯穿始终的。

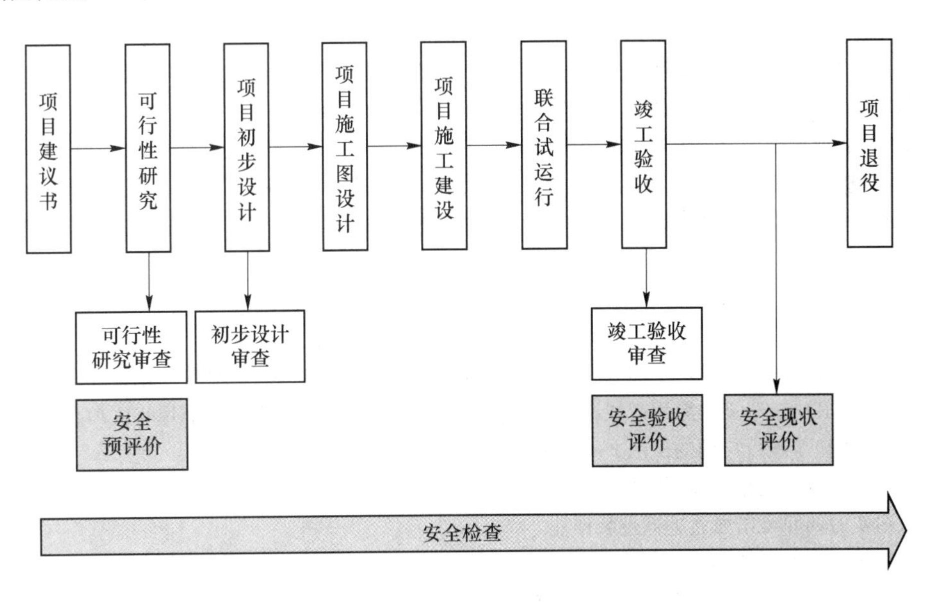

图6-3 项目全生命周期三者间的关系

习 题

PDF 资源：第6章习题答案

一、单选题

1. 对于事故的预防与控制，（ ）对策着重解决物的不安全状态问题，安全教育对策和（ ）对策则主要着眼于人的不安全行为问题。

A. 安全规则 安全技术
B. 安全管理 安全技术
C. 安全管理 安全规则
D. 安全技术 安全管理

2. 减少事故损失的安全技术措施一般遵循一定的优先原则。下列安全技术措施中，属于优先原则排序的是（ ）。

A. 个体防护、隔离、避难与救援、设置薄弱环节
B. 设置薄弱环节、个体防护、隔离、避难与救援
C. 隔离、设置薄弱环节、个体防护、避难与救援
D. 个体防护、设置薄弱环节、避难与救援、隔离

3. 为预防事故的发生可采取防止和减少两类安全技术措施。其中，防止事故发生的安全技术措施是指采取约束、限制能量或危险物质，防止其意外释放的技术措施。下列安全技术措施中，不属于防止类的是（ ）。

A. 选择无毒物料
B. 失误-安全功能
C. 采取降频设计
D. 电路中设置熔断器

4. 锅炉上的易熔塞是体现（ ）措施的。

A. 隔离
B. 个体防护
C. 避难
D. 设置薄弱环节

5. 在防止事故发生的众多技术措施当中，能够从根本上防止事故发生固然是最好的，但受实际技术、经济条件的限制，有些危险源不能被彻底根除，这时应该设法限制它们拥有的能量或危险物质的量，降低其危险性。下列安全技术措施当中，不属于限制能量或危险物质的是（ ）。

A. 金属抛光车间采取的通风措施
B. 狭小潮湿环境作业采用安全电压
C. 输送易燃介质的管道设置接地
D. 高速公路两侧的围栏

6. 某乳品生产企业，因生产工艺要求需要对本成品进行冷却，建有以液氨作为制冷剂的制冷车间，内设一台容积为 10 m^3 的储氨罐。为防止液氨泄漏事故发生，该企业对制冷工艺和设备进行改进，更换了一种无毒的新型制冷剂，完全能够满足生产工艺的要求。该项举措属于防止事故发生的安全技术措施中的（ ）。

A. 消除危险源
B. 限制能量或危险物质
C. 隔离
D. 故障-安全设计

7. 某食品加工企业，为了满足市场需求，对产品结构进行了调整，安装新产品自动化生产线 8 条，需增加人员编制，其中，小王由原生产线岗位调入，小张是新入职人员，小李 1 个月前从本企业离岗后重新上岗，关于安全教育培训的说法，正确的是（ ）。

A. 小王不需要进行安全培训可直接上岗
B. 小张在实习期间可以独立进行包装作业
C. 小李重新进行安全教育培训后即可上岗
D. 小王、小李应接受车间、班组级的安全教育培训

8. 依据《生产经营单位安全培训规定》，下列关于非煤矿山企业主要负责人和生产管理人员的安全培训的说法，正确的是（ ）。

A. 主要负责人初次安全培训时间不得少于 32 学时
B. 主要负责人每年再培训时间不得少于 8 学时
C. 安全生产管理人员初次安全培训时间不得少于 48 学时
D. 安全生产管理人员每年再培训时间不得少于 12 学时

9. 某化工企业拟新建一个液氨储罐区，目前已经编制了可行性研究报告，该企业聘请了具有资质的安全评价机构对罐区的安全情况进行评价，本次评价最可能属于的评价类型是（ ）。

A. 安全预评价　　B. 安全现状评价
C. 安全验收评价　　D. 安全条件评价

10. 某危险化学品生产单位十分注重公司的安全生产情况，为了避免生产安全事故的发生，该单位针对储罐展开了安全评价，该公司进行的安全评价属于（　　）。

A. 安全预评价　　B. 安全验收评价
C. 安全现状评价　　D. 安全综合评价

二、论述题

某企业对磨煤输粉系统进行改造，改造工程主要包括：使用角磨机对管道进行抛光，在脚手架上拆除部分距离地面 6 m 高的破损输煤粉管道。施工中物料调运使用叉车、卡车和额定起重量为 5 t 的电动葫芦。拆除旧管道时，使用乙炔进行气割，对新管道安装需进行焊接。

根据《企业职工伤亡事故分类》(GB 6441—86）的规定分析：1. 该施工现场可能发生的事故类型和引发事故的因素有哪些？2. 事故的预防措施有哪些？

虚拟仿真实验

实验名称	安全检查虚拟仿真实验
实验目的	1. 熟悉安全生产检查程序。 2. 辨别民爆储存企业中的安全技术对策、安全教育对策、安全管理对策。 3. 对企业采用的安全技术措施归类
实验简介	学习者扫描下方的二维码，观看安全检查人员对民爆储存企业办公区、储存区开展的安全生产检查，从而了解安全生产检查程序，熟悉民爆储存企业采用的安全技术措施、安全教育措施和安全管理措施。 民爆储存企业办公区检查情况　　民爆储存企业储存区检查情况
实验任务	以表格的形式列出民爆储存仓库中采用的安全技术对策、安全教育对策、安全管理对策等，如表 6-5 所示。其中列出的安全技术对策在 10 条以上，并说明措施类型。

表 6-5　民爆储存仓库中采取的“3E 对策”

类　　型	序号	具 体 措 施	措 施 类 型
安全技术对策	1	设置防火区	隔离
	2		
安全教育对策	1		
	2		
安全管理对策	1		
	2		

说明：该虚拟仿真软件除了动画演示版外，还有漫游版。但漫游版对硬件要求较高，操作复杂，团体使用的负责人或教师可联系编者。我们将为大家建立网上班级，协助大家使用

设 计 任 务

<table>
<tr><td>任务名称</td><td>设计企业年度安全培训课程表</td></tr>
<tr><td>任务要求</td><td>1. 明确主要负责人和安全管理人员的培训内容、培训学时。
2. 明确新入厂员工的培训内容</td></tr>
<tr><td>具体任务</td><td>某肉制品加工集团公司对现有业务进行重组整合，新成立了集团子公司甲企业，任命张某为甲企业总经理，任命赵某为甲企业生产副总经理，任命王某和李某为安全管理人员，其中王某和李某从集团总部调入，持有中级注册安全工程师职业资格证书。同时为满足生产需要，招聘 20 名员工。假定甲企业具备安全培训条件，请根据《生产经营单位安全培训规定》的相关内容，制定甲企业主要负责人、安全管理人员、新入厂员工的安全培训课程表。安全培训课程表的样式可参照表 6-6，也可以自行设计。

表 6-6　安全培训课程表参考样式
<table>
<tr><td rowspan="2">培训时间</td><td colspan="2">培 训 内 容</td></tr>
<tr><td>上午
（　点　分~　点　分）</td><td>下午
（　点　分~　点　分）</td></tr>
<tr><td>星期一</td><td></td><td></td></tr>
<tr><td>星期二</td><td></td><td></td></tr>
<tr><td>星期三</td><td></td><td></td></tr>
<tr><td>星期四</td><td></td><td></td></tr>
<tr><td>星期五</td><td></td><td></td></tr>
</table>
</td></tr>
</table>

7 应急管理

辛弃疾《美芹十论》中曰："事未至而预图，则处之常有余；事既至而后计，则应之常不足。"即事情还没有发生就要预先计划，处理起来，就能应付自如，事情已经发生再计划，就会出现应对不及的情形。安全工作亦是如此，在事故发生前提前做好应急准备，可以有效降低事故损失。相关研究表明：一个科学合理的以应急预案为中心的应急管理系统可以使事故损失从100%降低到6%。

【学习目标】

1. 明确突发事件的定义、分类和分级。
2. 掌握应急管理的过程和内容。
3. 了解应急管理的发展过程。
4. 理解我国应急管理的体制、机制、法制。
5. 掌握应急预案的编制过程。

【思维导图】

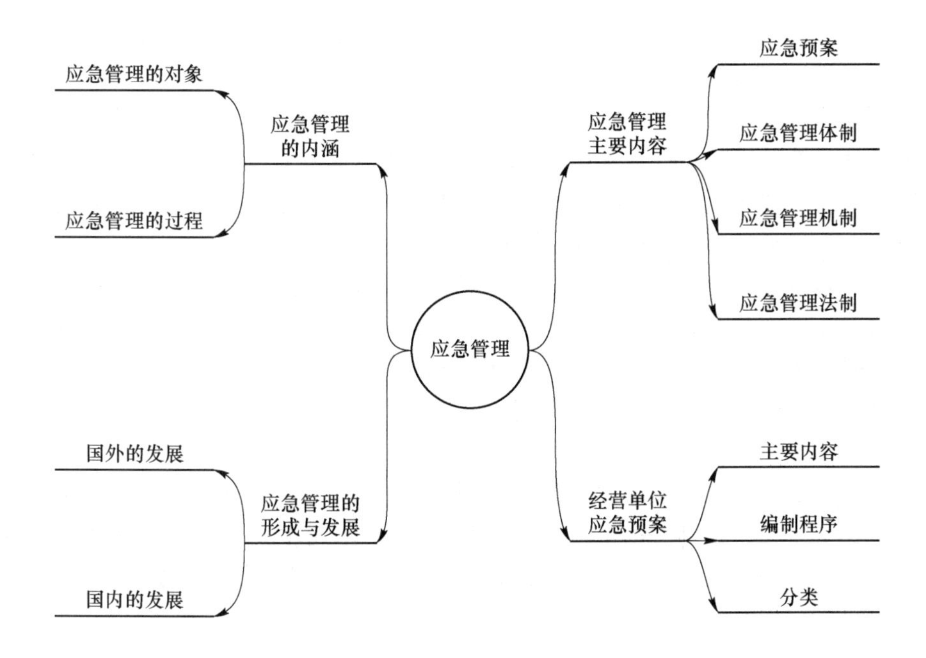

这章重点学习应急管理，主要包括四部分内容：一是应急管理的内涵；二是应急管理的形成与发展；三是应急管理的主要内容；四是生产经营单位应急预案的编制。

7.1　应急管理的内涵

视频资源：7.1　应急管理的内涵

应急管理是指针对各类突发事件（包括自然灾害、事故灾难、公共卫生事件和社会安全事件），从预防与应急准备、监测与预警、应急处置与救援到事后恢复与重建等全方位、全过程的管理。理解应急管理的内涵，主要注意两点：一是应急管理的对象是突发事件；二是应急管理强调全过程管理。

7.1.1　应急管理的对象

7.1.1.1　突发事件的定义和特征

《中华人民共和国突发事件应对法》第三条规定：突发事件是指突然发生，造成或者可能造成严重社会危害，需要采取应急处置措施予以应对的自然灾害、事故灾难、公共卫生事件和社会安全事件。具体而言，突发事件具有以下特征：

（1）突发性和紧急性。突发事件必定是突然发生的，要求管理者迅速做出决策，调动和配置一切可得的资源进行应对，尽快控制事态，消除不利后果。

（2）严重性。突发事件造成的损害有直接损害和间接损害。这种损害不仅体现在人员的伤亡、组织的消失、财产的损失和环境的破坏等方面，还体现在对社会心理和个人心理所造成的破坏性冲击，进而渗透到社会生活的各个层面。

（3）不确定性。从纵向上看，突发事件的发展态势和后果很难确定，可能会不断升级或延伸扩展，从人员伤亡、财产损失到对社会系统的基本价值和行为准则产生严重威胁等。从横向上看，由于风险的系统性和突发事件的“涟漪效应”，一种类型的突发事件可能相继引发多种类型的次生、衍生突发事件，或成为各类突发事件的耦合，造成复合性灾难。如果处置不及时或不当，会产生严重后果。

（4）社会性。由于突发事件的发生时间、地点、危害程度、危害对象的不确定性，并受到人的社会性及其与经济、文化、宗教、科技等方面联系的影响，再加上新兴媒体的作用，因此突发事件所威胁和影响的不单单是特定的人群的生命、财产安全和地域的社会生活与秩序，而且必将产生广泛的社会影响。

（5）同时涉及程序化与非程序化决策。常规性的突发事件一般采用程序化决策就能够解决；对于非常规突发事件或当突发事件上升为紧急状态时，往往需要在信息、资源、时间非常有限的条件下采用非程序化决策来寻求“比较满意”的解决方案。例如，2008年冰雪灾害导致交通严重受阻，湖北省对常规应封闭的高速公路采取了“高速公路，低速运行”的非常规策略，为了安全，警车还在前面带路。

需要说明的是，在《突发事件应对法》颁布实施之前，《国家突发公共事件总体应急预案》和有关文件中，提到的都是“突发公共事件”，当时主要是为了区分个人或家庭的突发事件。《突发事件应对法》颁布实施后，已经对“突发事件”予以明确界定，所以“突发公共事件”就逐步淡出了。

7.1.1.2　突发事件的分类

不同类型的突发事件，其危急情形和造成的社会危害不同，政府和社会所采取的应对措施不尽相同。分类管理是我国“统一领导，综合协调，分类管理，分级负责，属地管理为主”原则的重要内容，也是对政府及其各有关部门履行职责、行使职权的重要依据。

结合国内外应急管理的经验和中国的实际情况，根据突发事件的发生过程、性质和机理，中国将其划分为自然灾害、事故灾难、公共卫生事件和社会安全事件四大类（见表7-1）。

表7-1 转型期中国突发事件的主要类型

类 型	示 例
自然灾害	气象水文灾害、地震地质灾害、海洋灾害、生物灾害、生态环境灾害
事故灾难	工矿商贸等企业的各类安全事故、交通运输事故、公共设施和设备事故、环境污染和生态破坏事件等
公共卫生事件	传染病疫情、群体性不明原因疾病、食品安全和职业危害、动物疫情以及其他严重影响公众健康和生命安全的事件
社会安全事件	恐怖袭击事件、经济安全事件和涉外突发事件等

自然灾害指自然要素，如大气、海洋和地壳，在其不断运动中发生变异、形成特定的变异形态，如暴雨、地震、台风、泥石流等。

事故灾难主要包括工矿商贸等企业的各类安全事故、交通运输事故、公共设施和设备事故、环境污染和生态破坏事件等。这类事故不仅造成严重的经济损失，还会带来巨大的政治压力和社会影响，因此将这类事故重点考虑并严格控制，也是安全管理的主要目标。事故灾难是应急管理的重中之重。

公共卫生事件主要包括传染病疫情，群体性不明原因疾病，食品安全和职业危害，动物疫情，以及其他严重影响公众健康和生命安全的事件。2020年全球暴发的新型冠状病毒疫情就是典型的公共卫生事件。公共卫生事件是城市应急管理的重点内容之一。

社会安全事件主要包括恐怖袭击事件、经济安全事件和涉外突发事件等。这涉及国家政治相关的问题。

这种分类方法本质上主要是基于事件发生的诱因进行分类的，这样做的意义在于：一方面，为预防突发事件提供客观依据和线索；另一方面，也为政府及其有关部门采取应急措施提供依法行政的依据，因而符合应急管理的基本原则。

7.1.1.3 突发事件的分级

突发事件可能造成的后果不同，政府和社会所采取的应急措施的强度也不同。

根据不同类型突发事件的性质、严重程度、可控性和影响范围等因素，《突发事件应对法》将自然灾害、事故灾难、公共卫生事件分为特别重大、重大、较大和一般四级。同时，根据突发事件可能造成的危害程度、紧急程度和发展趋势，将可以预警的自然灾害、事故灾难、公共卫生事件的预警级别也划分为四个等级，并依次用不同颜色表明（见表7-2）。

表7-2 中国突发事件四级预警

突发事件等级	威胁程度	预警颜色
Ⅰ级（特别重大）	Ⅰ级（特别严重）	红
Ⅱ级（重大）	Ⅱ级（严重）	橙
Ⅲ级（较大）	Ⅲ级（较重）	黄
Ⅳ级（一般）	Ⅳ级（一般）	蓝

随着外界因素的变化，预测等级可能会发生变化。预测等级发生变化时，发布突发事件警报的人民政府应当根据事态的发展，按照有关规定适时调整预警级别并重新发布。有事实证明不可能发生突发事件或者危险已经解除的，发布警报的人民政府应当立即宣布解除警报，终止预警期，并解除已经采取的有关措施。

突发事件的应对主要依靠本地和本级政府的力量。县级人民政府对本行政区域内突发事件的应对工作负责；涉及两个以上行政区域的，由有关行政区域共同的上一级人民政府负责，或者由各有关行政区域的上一级人民政府共同负责。突发事件发生后，发生地县级人民政府应当立即采取措施控制事态发展，组织开展应急救援和处置工作，并立即向上一级人民政府报告，必要时可以越级上报。突发事件发生地县级人民政府不能消除或者不能有效控制突发事件引起的严重社会危害的，应当及时向上级人民政府报告。

7.1.2 应急管理的过程

应急管理的过程划分除了《突发事件应对法》中的规定外，还有“两阶段论”“三阶段论”“四阶段论”“五阶段论”“六阶段论”等，各有其理论背景。

7.1.2.1 《突发事件应对法》规定的分类方式

应急管理是对突发事件的全过程管理。根据突发事件的预防、预警、发生、善后四个发展阶段，《突发事件应对法》规定应急管理包括：预防与应急准备、监测与预警、应急处置与救援、恢复与重建四个过程（见图 7-1）。

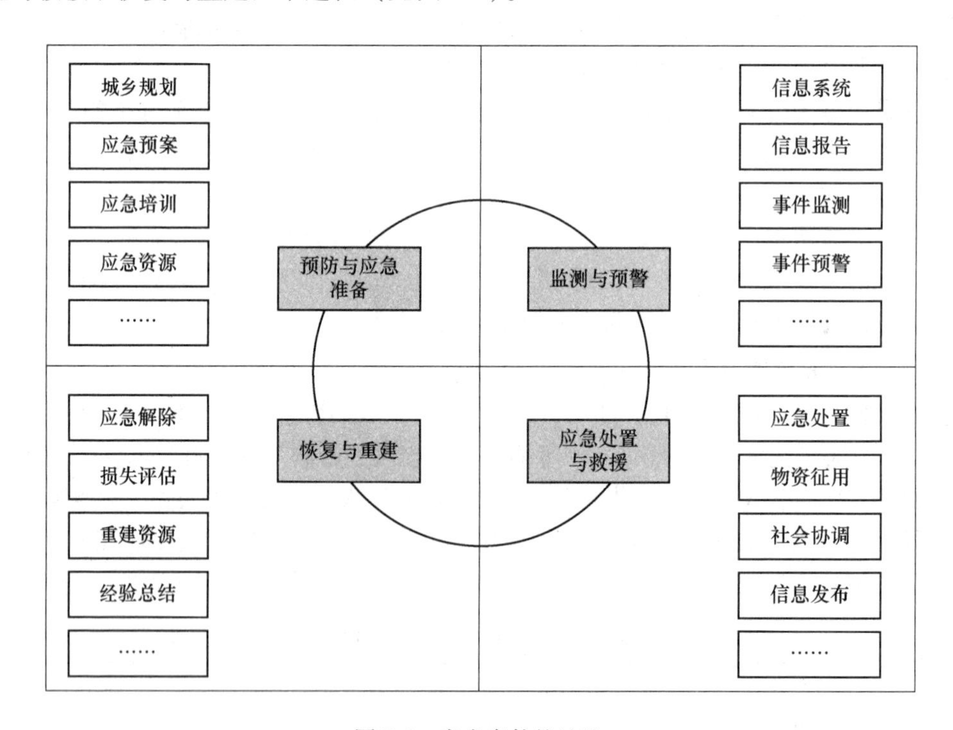

图 7-1 突发事件的过程

预防与应急准备是指采取措施预防事故发生，并为可能发生的突发事件提前准备好人、财、物。《突发事件应对法》对预防与应急准备阶段的规定有 20 项，主要涉及应急预案体系、城乡规划、风险调查与评估、应急管理培训、应急救援队伍、应急知识宣教、应急物资储备、应急通信保障、应急资金保障、应急科研与人才培养。实际应急管理过程中预防工作相对薄弱，多是在重大事故灾难发生之后采取短期性、运动式隐患排查，缺乏长效治理机制。2019 年 3 月 19 日“响水化工园爆炸事故”之后，国务院安委会对江苏开展为期一年的安全生产专项督导，主要目的就是破除“运动式整顿”的弊端，探索长效治理机制。

监测与预警是对各种可能发生的突发事件，完善预测预警机制，建立预测预警系统，开展风险分析，做到早发现、早报告、早处置。《突发事件应对法》对监测与预警阶段的规定主要涉及：突发事件信息系统、突发事件信息报告、突发事件监测和突发事件预警。实际管理中，突发事件信息报告和突发事件预警最受重视。当前逐级报告和必要情况下越级报告基本形成制度，瞒报、谎报、迟报突发事件信息的行为有所减少。2015 年 2 月，我国成立国家预警信息发布中心，依托气象业务体系建成“一纵四横、一通四达”预警发布体系，前端横向连通 16 个政府部门，纵向连通国家、省、市、县，后端建立一条直通各级应急责任人的专用通道，以及专线接入电视台、应急广播、移动运营商和 ABT 互联网平台。2022 年 7 月，全国各部门通过国家预警发布系统发布预警信息 67963 条。

应急处置与救援是指突发事件发生后采取的一系列措施。主要涉及应急处置措施、应急物资征用与运输、突发事件信息发布、社会协同。应急处置措施包括针对自然灾害、事故灾难、公共卫生事件的支持性措施和针对社会安全事件的限制性措施；社会协同明确了基层组织、企事业单位和公民个体的责任和义务；在社交媒体条件下，信息发布的重要性日益凸显，因舆情回应不及时、不充分、不透明导致应急响应遭受公众质疑的事例多有发生。2015 年“天津港危化品爆炸事故”的“应急失灵”在很大程度上是舆情回应的失灵。

恢复与重建主要涉及应急解除、损失评估与物理恢复、重建支持、经验教训总结与改进。新冠疫情期间，我国采取了直播带货、心理疏导、企业自救等方式，恢复生产生活。

7.1.2.2 根据生命周期模型理论的分类方式

应急管理是一个动态的过程。根据事故生命周期模型理论，应对其潜伏期、爆发期、影响期和结束期四个阶段实施全过程综合性管理（见图 7-2），应急管理包括预防、预备、响应和恢复四个阶段。

第一阶段预防阶段。在应急管理中预防有两层含义：一是事故的预防工作，即依靠安全技术、安全管理、安全教育尽可能地防止事故的发生，实现本质安全；二是在假定事故发生的前提下，通过预先采取的预防措施，达到降低或减缓事故的影响或后果的严重程度。

第二阶段准备阶段。应急准备是应急管理过程中一个极其关键的环节。它是针对可能发生的事故，为迅速开展应急行动而预先做出的各种准备，包括应急体系的建立、有关部门和人员职责的落实、预案的编制、应急队伍的建设、应急设备（施）与物资的衔接等，其目标是保持重大事故应急救援所需的应急能力。

第三阶段响应阶段。应急响应是在事故发生后立即采取应急和救援行动，包括事故的报警与通信、人员的紧急疏散、急救与医疗、消防和工程抢险措施、信息收集与应急决策和外部救援等。其目标是尽可能地抢救受害人员，保护可能受威胁的人群，尽可能控制并消除事故。

第四阶段恢复阶段。恢复工作应在事故发生后立即进行。首先应使事故影响区域恢复到相对安全的基本状态，然后逐步恢复到正常状态。

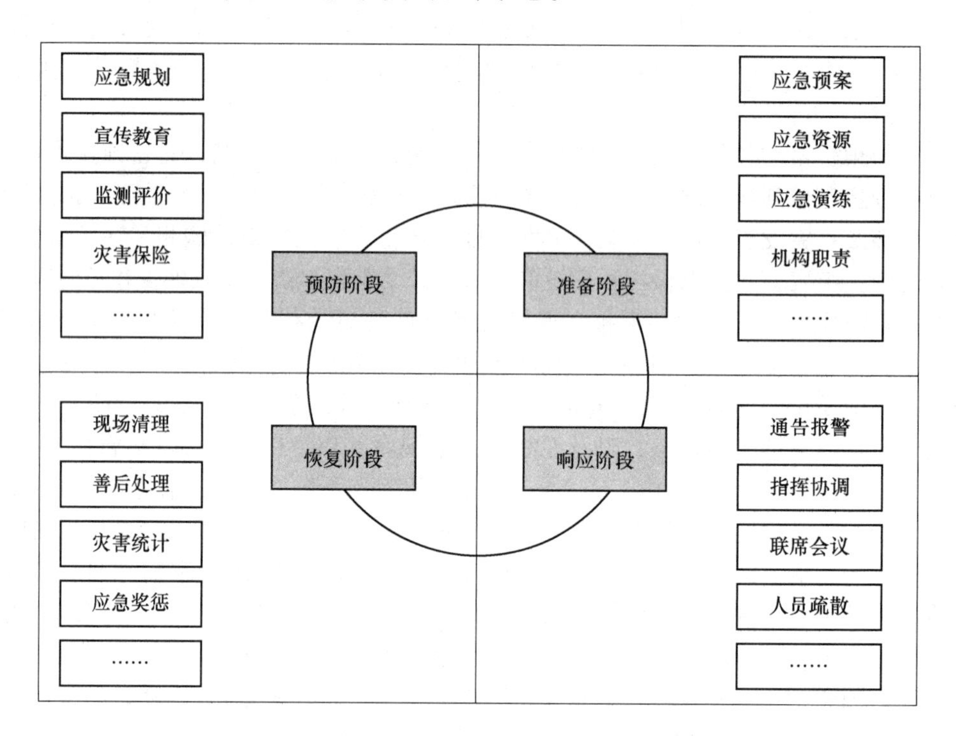

图 7-2 应急管理的动态过程

视频资源：7.2 应急管理的形成与发展

7.2 应急管理的形成与发展

从人类社会出现以来，各种自然的和人为的灾难就始终伴随着人类历史，人们不得不动用个人的和社会的力量同它们作斗争。因此，国家从形成时起就具备组织人民、抵御灾难的职责，应急管理就很自然地成为历史各国、各时期政府的一个重要任务，无非是叫法有别。而全方位的应急管理，即成立专门的政府机构、完善立法、形成整套的工作程序和制度，以及建立有指导性的理论体系，从全球范围来看，还是近几十年的事情。

7.2.1 国外应急管理的发展

美国是当今世界上应急管理体系建设得较早且较完备的国家之一。美国 1976 年实施的《紧急状态管理法》就详细规定了全国紧急状态的过程、期限，以及紧急状态下总统的权力，并对政府和其他公共部门（如警察、消防、气象、医疗和军方等）的职责做了具体的规范。此后，又推出了针对不同行业、不同领域应对突发事件的专项实施细则，包括地震、洪灾、建筑物安全等。1979 年，时任美国总统的卡特发布了 12127 号行政命令。将原来分散的紧急事态管理机构集中起来，成立了联邦应急管理局（federal emergency management agency，FEMA），专门负责突发事件应急管理过程中的机构协调工作，其局直接对总统负责。联邦应急管理局的成立标志着美国现代应急管理机制的正式建立，同时也是世界应急管理现代化的一个重要标志。“9·11”事件的发生引起了美国各界对国家公共安全体制的深刻反思。事件之后，美国对紧急状态应对的相关法规又做了更加细致周密的修订，逐步形成了一个相对全面的突发事件应急法制体系。美国的其他专业应急组织和疾病预防与控制中心等，在应急管理中也发挥着重要作用。美国已经拥有一支强有力的机动队伍和运行高效的规程，在突发公共事件中有权采取及时有效的措施。现今，美国已形成了以国土安全部为中心，下分联邦、州、县、市、社区五个层次的应急和响应机构，通过实行统一管理、属地为主、分级响应、标准运行的机制，有效地应对各类突发灾害事件。

日本地处欧亚板块、菲律宾板块、太平洋板块交接处，处于太平洋环火山带，台风、地震、海啸、暴雨等各种自然灾害极为常见，是世界易遭受自然灾害破坏的国家之一。也正因此日本成为全球较早制定灾害管理基本法的国家之一，其防灾减灾法律体系相当庞大。日本的《灾害对策基本法》明确规定了国家、中央政府、社会团体、全体公民等不同群体的防灾责任，除了这一基本法之外，还有各类防灾减灾法 50 多部，建立了围绕灾害周期而设置的法律体系，使日本在应对自然灾害类突发事件时有法可依。此外，日本政府和国民极为重视应急教育工作，从中小学教育抓起，培养公民的防灾意识；将每年的 9 月 1 日定为“灾害管理日”，8 月 30 日至 9 月 5 日定为“灾害管理周”，通过各种方式进行防灾宣传活动；政府和相关灾害管理组织机构协同进行全国范围内的大规模灾害演练，检验决策人员和组织的应急能力，使公众训练有素地应对各类突发事件。同时为了有效地应对灾害，转移风险，日本建立了由政府主导和财政支持的巨灾风险管理体系，政府为地震保险提供后备金和政府再保险。巨灾保险制度在应急管理中发挥了重要作用，为灾民正常的生产生活和灾后恢复重建提供了保障。现在的日本已建成了由消防、警察、自卫队和医疗机构组成的较为完善的灾害救援体系。消防机构是灾害救援的主要机构，同时负责收集、整理、发布灾害信息；警察的应对体制由情报应对体系和灾区现场活动两部分组成，主要包括灾区情报收集、传递、各种救灾抢险、灾区治安维持等；自卫队属于国家行政机关，根据《灾害对策基本法》和《自卫队法》的规定，灾害发生时，自卫队长官可以根据实际情况向灾区派遣灾害救援部队，参与抗险救灾。随着日本其他类型的人为事故灾害的不断增加，如何完善应急管理机制，提高应急管理能力，迎接新形势下新的危机和挑战，也成为日本未来应急管理工作的一项新任务。

7.2.2 国内应急管理的发展

自新中国成立以来，我国应急管理体系的发展大体经历了三个阶段：单灾种应对为主的应急管理体系（1949 ~ 2003 年）、以“一案三制”为核心的应急管理系（2003 ~ 2012 年）、以总体国家安全观为统领的应急管理体系（2012 年至今），如表 7-3 所示。

第一代应急管理体系又分成两个阶段。新中国成立之初到改革开放之前，传统计划经济运行，灾害种类相对比较单一，应急管理体制以单灾种分类管理为主要特征。各级政府组建地震、气象、水利等专业性部门，分别负责其管辖范围内的灾害预防和抢险救灾。部门之间缺乏沟通协调。

表 7-3 新中国成立以来我国应急管理体系发展阶段及特点

发展阶段		管理模式	管理主体	管理理念	法律依据	管理内容及特点	管理手段
单灾种应对为主的应急管理体系（1949～2003 年）	改革开放前	专门的部门或机构	中央救灾委员会（1950）相继建立地震、水利和气象等（兼）专业性部门	单一灾害管理	专项法律法规——《防洪法》《防震减灾法》	自然灾害、生产安全、公共卫生、社会安全分类管理	应急处置为主，被动应付
	改革开放后	专门机构＋部门间议事协调机构 专门机构＋党委协调机制＋部门间议事协调机构	各专项管理部门＋： 国家减灾委员会、国家防汛抗旱总指挥部、国务院抗震减灾指挥部等（自然灾害） 国务院安全生产委员会（生产安全） 中央社会治安综合治理委员会、中央维护稳定工作领导小组办公室（社会安全） 临时部门间议事协调机构				
以“一案三制”为核心的应急管理体系（2003～2012 年）		权威枢纽机构抓总体（政府应急管理机构）＋部门间议事协调机构	在之前的单一灾害管理体系基础上，在政府办公厅下设置应急管理办公室	全类型突发事件综合应急	法定体系建设： 基本法《突发事件应对法》 各专项法规政策配套	四大类突发事件综合管理 强调准备体系的平战结合	全流程应急管理与制度
以总体国家安全观为统领的应急管理体系（2012 年至今）		国安委＋党政同责＋部门间议事协调机构＋统筹协调部门	成立应急管理部（整合自然灾害、事故、灾难类应对）卫生健康委（公共卫生类） 公安部（社会安全类）	总体国家安全观	完善法制体系《国家安全法》等、基本法与配套法律	全流程应急管理与制度	建立综合性、系统性国家反应计划

改革开放后，中国特色的市场经济体制得以建设和发展，生产事故和社会群体性事件开始大量出现，面对大灾、巨灾、重特大突发事件，设置用以综合、统一应对的协调性机构，或者宣布紧急成立一个临时性协调机构，选派得力干部应对危机，待事件过后就撤销解散。这种方法在进行跨部门协调时，工作量很大，效果也不好。

随着各种自然灾害、公共卫生事件、生产和安全方面的事故不断增加，这一阶段应对突发事件的体制和方法开始失效，甚至失灵。2003 年的非典事件就反映出了第一代应急管理体系的薄弱环节。

第二代应急管理体系是以“一案三制”为核心的应急管理体系。党的十六大以来，党中央、国务院深刻总结抗击“非典”的经验教训，科学分析我国公共安全形势，全面推进“一案三制”即应急预案、应急体制、机制和法制的建设。基本形成“横向到边、纵向到底”的应急预案体系，基本建立了“统一领导、综合协调、分类管理、属地管理”的应急体制，逐步形成统一指挥、功能齐全、反应灵敏、协调有序、运转高效的应急机制，应急法制建设也得到加强，颁布实施了《突发事件应对法》等法律法规。全国应急管理工作取得可喜转变：由单项向综合转变；由处置向预防与处置并重转变；由单纯减灾向减灾与可持续发展相结合转变；由政府统揽向政府主导、社会协同、公众参与转变；由单一地区应对向加强区域联动和加强国际合作转变。这种应急管理体系应对了汶川特大地震、玉树地震、王家岭矿难、雅安地震等一系列重特大突发事件。但在信息快速发展的挑战下，不稳定、不确定、不安全因素增加，我国安全形势呈现出前所未有的严峻性，“一案三制”为核心的应急管理体系暴露出应急主体错位、关系不顺、机制不畅等一系列结构性缺陷。

第三代应急管理体系是以总体国家安全观为统领的应急管理体系。2012 年 11 月，党的十八大以来，以习近平同志为核心的党中央提出了一系列治国理政的新理念、新思想、新战略，为中国全面深化改革指明了方向。2013 年，十八届三中全会通过了《中共中央关于全面深化改革若干重大问题的决定》，再次强调防灾减灾救灾体制的建设问题，提出要从举国救灾向举国减灾转变，从减轻灾害向减轻风险转变。2014 年初成立国家安全委员会和随后提出的“总体国家安全观”，标志着我国开始从国家战略的高度来决策部署应急管理工作。随后的几年中推出了一系列的相关措施文件，进一步地深化、完善应急管理体系的“一案三制”，为后续的应急体制改革从思想上、法治上奠定了坚实的基础。党的十九大后机构改革中成立了应急管理部和国家综合性消防救援队伍，是我国应急体制的重大变革，应急管理的综合性、系统性进一步加强。2019 年，十九届四中全会通过了《中共中央关于坚持和完善中国特色社会主义制度　推进国家治理体系和治理能力现代化若干重大问题的决定》，要求构建统一指挥、专常兼备、反应灵敏、上下联动的应急管理体制，优化国家应急管理能力体系建设，提高防灾减灾救灾能力。2020 年的十九届五中全会提出，要“统筹发展和安全，建设更高水平的平安中国。坚持总体国家安全观，实施国家安全战略，把安全发展贯穿国家发展各领域和全过程，防范和化解影响我国现代化进程的各种风险”。两次的全会精神又将我国的应急管理体系建设提升到了举足轻重的战略位置，不断加强国家的安全能力建设，走出一条具有中国特色的国家安全道路。

应急管理的重心由“灾后恢复重建”向“灾前预防预警”转变；由“单一风险”向“全风险”转变；由“单纯性应急”向“全过程管理”转变；由“政府管理”向“全社

会力量参与”转变。

当前我们面对新的形势、挑战和风险，应该不断地总结经验教训，不断地完善与提升我国的应急管理能力建设，借鉴国外的成熟做法，发挥我们自己的优势与特色，积极推进应急管理体系与能力的现代化建设。

应急管理是国家治理体系和治理能力的重要组成部分，承担防范化解重大安全风险、及时应对处置各类灾害事故的重要职责，担负保护人民群众生命财产安全和维护社会稳定的重要使命。要发挥我国应急管理体系的特色和优势，借鉴国外应急管理有益做法，积极推进我国应急管理体系和能力现代化。

——中共中央总书记习近平在主持我国应急管理体系和能力建设第十九次集体学习时强调

7.3 应急管理的主要内容

视频资源：7.3 应急管理的主要内容

管理包括计划、组织、领导和控制四大职能，应急管理也不例外。在应急管理中，需要细化各项管理职能的内容，以适应应急管理的要求。非典事件后，我国开始推进“一案三制”的建设，其中，“一案”是指应急预案，三制指应急工作的管理体制、运行机制和法制，随后持续出台政策文件，深化、完善应急管理体系的“一案三制”。“一案三制”成为我国应急管理体系不可分割的核心要素。

7.3.1 应急预案

7.3.1.1 应急预案的含义

应急预案，有时简称“预案”，是为控制、减轻和消除突发事件引起的严重社会危害，同时规范突发事件应对活动而预先制定的方案。它是在辨识和评估潜在的重大危险、事件类型、发生的可能性及发生过程、事件后果及影响严重程度的基础上，对应急机构与职责、人员、技术、装备、设施（备）、物资、救援行动及其指挥与协调等方面预先做出的具体安排，它明确了在突发事件发生之前、发生过程中以及刚刚结束之后，谁负责做什么，何时做，及相应的处置方法和资源准备等。

7.3.1.2 应急预案体系

国家、地方、行业领域或企事业单位的全部应急预案构成我国应急预案体系。我国应急预案体系总体要求“纵向到底，横向到边”。所谓“纵”，就是按垂直管理的要求，从国家到省到市、县、乡镇各级政府和基层单位都要制定应急预案，不可断层；所谓“横”，就是所有种类的突发事件都要有部门管，不可或缺。相关预案之间要做到互相衔接，逐级细化。预案的层级越低，各项规定就要越明确、越具体，避免出现“上下一般粗”的现象，防止照搬照套。

2013年国务院办公厅印发的《突发事件应急预案管理办法》对我国应急预案体系进行了规范描述。应急预案按照制定主体划分，分为政府及其部门应急预案、单位和基层组织应急预案两大类。政府及其部门应急预案由各级人民政府及其部门制定，包括总体应急预案、专项应急预案、部门应急预案等。单位和基层组织应急预案由机关、企业、事业单位、社会团体和居委会、村委会等法人和基础组织制定，如图 7-3 所示。大型企业集团可根据相关标准规范和实际工作需要，参照国际惯例，建立本集团应急预案体系。

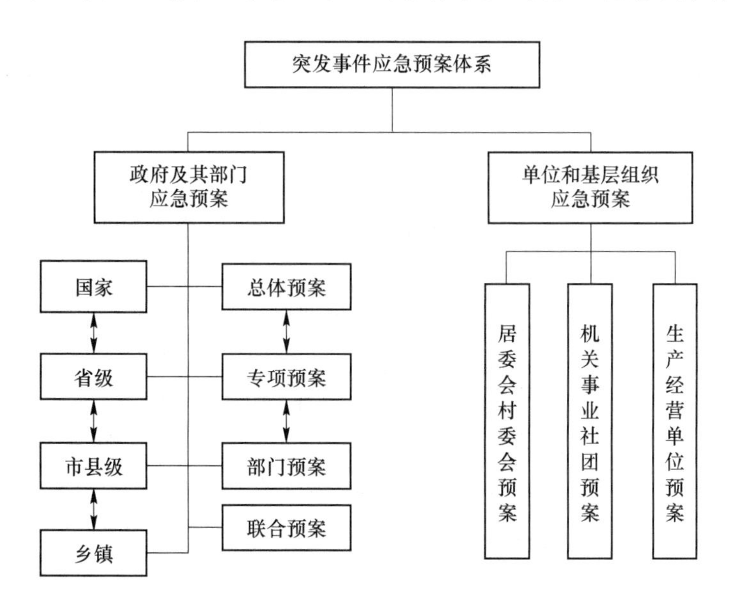

图 7-3 我国突发事件应急预案体系构成

其中，总体应急预案是应急预案体系的总纲，是政府组织应对突发事件的总体制度安排。由县级以上各级人民政府制定。总体应急预案主要规定突发事件应对的基本原则、组织体系、运行机制，以及应急保障的总体安排等，明确相关各方的职责和任务。

专项应急预案是指政府为应对某一类型或某几种类型突发事件，或者针对重要目标物保护、重大活动保障、应急资源保障等重要专项工作而预先制定的涉及多个部门职责的工作方案，由有关部门牵头制定，报本级人民政府批准后印发实施。

部门应急预案是指政府有关部门根据总体应急预案、专项应急预案和部门职责，为应对本部门（行业、领域）突发事件，或者针对重要目标物保护、重大活动保障、应急资源保障等涉及部门工作而预先制定的工作方案，由各级政府有关部门制定。

联合应急预案是指相邻、相近的地方人民政府及其有关部门可以联合制定应对区域性、流域性突发事件的工作方案。

单位和基层组织应急预案由机关、企业、事业单位、社会团体和居委会、村委会人员和基层组织制定，侧重明确应急响应责任人、风险隐患监测、信息报告、预警响应、应急处置、人员疏散撤离组织和路线、可调用或可请求援助的应急资源情况及如何实施等，体现自救互救、信息报告和先期处置特点。

7.3.1.3 应急预案的构成要素

不同类别、不同层级的应急预案其构成要素有所不同，其主要内容也各有侧重。以国务院办公厅印发的《国务院有关部门和单位制定和修订突发公共事件应急预案框策指南》中规定的专项与部门应急预案的核心内容要素为例（见图 7-4），进行简要介绍。

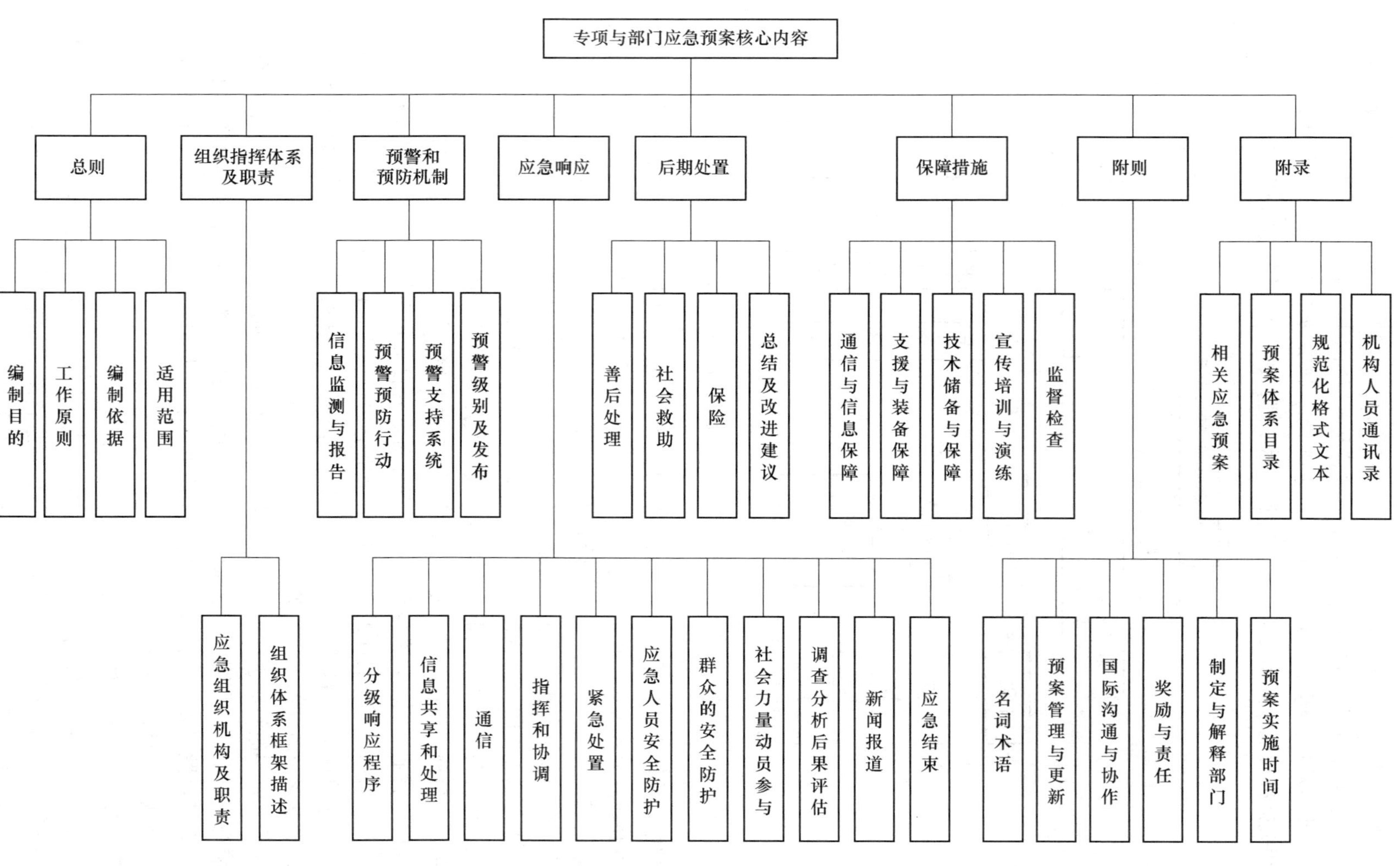

图 7-4 专项与部门应急预案核心内容要素

总则部分包含编制目的、工作原则、编制依据、适用范围等内容。

组织指挥体系及职责部分包含应急组织机构及职责、组织体系框架描述等内容。

预警和预防机制部分包含信息监测与报告、预警预防行动、预警支持系统、预警级别及发布。

应急响应部分包含分级响应程序、信息共享和处理、通信、指挥和协调、紧急处置、应急人员安全防护、群众的安全防护、社会力量动员参与、调查分析后果评估、新闻报道、应急结束等内容。

后期处置部分包含善后处置、社会救助、保险、总结及改进建议等内容。

保障措施部分包含通信与信息保障，支援与装备保障，技术储备与保障，宣传培训和演练，监督检查等内容。

附则部分包含名词术语、预案管理与更新，国际沟通与协作，奖励与责任，制定与解释部门，预案实施时间等内容。

附录部分包含相关应急预案，预案体系目录、规范化格式文本，机构人员通讯录等内容。

7.3.2 应急管理体制

7.3.2.1 应急管理体制的含义

《辞海》中体制的定义是：国家机关、企事业单位在机构设置、领导隶属关系和管理权限划分等方面的体系、制度、方法、形式等的总称。如政治体制、经济体制等。诗文的体裁，格局。本书中，体制对应第一种解释，即是国家机关、企业和事业单位机构设置和管理权限划分的制度。由此可见：体制是有关组织形式的制度，限于上下之间有层级关系的国家、国家机关、企事业单位等。

根据以上对体制的界定，“应急管理体制”可以被定义为：在应对突发事件过程中，各级党组织、国家机关、军队、企事业单位、社会团体、公众等各利益相关方，在机构设置、领导隶属关系和管理权限划分等方面的体系、制度、方法、形式等的总称。由此可见：首先，中国的应急管理体制的具体内涵主要是由中国特色社会主义制度决定的。其次，组成中国应急管理组织体系的主要方面不仅包括各级党组织、国家行政机构，还包括军队、企事业单位、社会性组织和公众等所有的利益相关者。

7.3.2.2 我国应急管理体制的发展

新中国成立以来，我国应急管理体系大体经历了三个发展阶段，每个阶段都形成了其独特的应急管理体制。1949 ~2003 年，我国逐步建立了以部门为主的应急管理体制，应对单种灾害。但随着形势的发展，这种模式已不能适应新的风险挑战，存在职责不够清晰、条块分割、信息沟通不畅、资源难以整合、协调力度不够等问题。2003 年“非典”事件以后，至 2018 年新的应急管理体制形成之前，我国建立了“统一领导、综合协调、分类管理、分级负责、属地管理为主”的应急管理体制。这一体制在长达 15 年的时间内，充分调动了各级政府、各部门和社会各界的力量，对中国应急管理工作起到了巨大的推动作用。在新的历史时期，面对应急管理新形势、新问题，2018 年国家组建应急管理部，推动形成“统一指挥、专常兼备、反应灵敏、上下联动、平战结合”的中国特色应急管理体制。

7.3.2.3 当前我国的应急管理体制

(1) 统一指挥。从领导学理论角度看，应急管理的统一指挥主要是指在实施突发事件应急处置时，作为下属人员或单位，最优化的处置结构，是接受一位领导人或上级单位的最终命令。对于力求达到同一安全目标的应急管理部门，其全部应急管理工作，也只能由一个领导机构和领导人员集中统一指挥。在机构改革整合前，由于缺乏统一的应急指挥体系，可能会出现“多头决策”“指挥紊乱”“力量分散”“信息孤岛”等特定现象，各类应急力量协调会出现一定的问题。

应急指挥权的集中统一原则，并不意味着各类规模突发事件全部由应急管理部门进行统一指挥，也不意味着指挥权全部由上级应急管理机构统一行使。按照分级负责的原则，一般性灾害由地方各级政府负责，应急管理部代表中央统一响应支援，统一提供支持。发生特别重大灾害时，应急管理部作为指挥部，协助中央指定的负责同志组织应急处置工作，保证政令畅通、指挥有效。同时，应急管理部也要处理好防灾和救灾的关系，明确与相关部门和地方各自职责分工，建立起有效的协调配合机制。

（2）专常兼备。在突发事件应急管理过程中，既需要应对各类火灾、洪涝等常见突发事件的常规救援力量，也需要处置非常规突发事件，以及处置常规突发事件中的部分特殊环节的专业救援队伍力量。常规救援力量主要由具备一般性的救援知识和技能的救援人员组成，是主要配备常用的救援装备、设备、技术手段和解决方案的队伍。例如，解放军、武警部队中的非专业队伍，大部分的民兵预备役人员，大部分救援志愿者等。专业性救援队伍主要是具备特殊技能和训练的人员，并装备有特殊的设备、装备、技术手段和解决方案的队伍。例如，地震灾害紧急救援队、核生化应急救援队、应急机动通信保障队、医疗防疫救援队等。

在应急管理部成立后，原有隶属 13 个部门或单位的应急管理机构名称虽然消失了，但这些机构相应的专业化职能并未消失。各类应急救援职能统一到新的应急管理体系内，不同的专业职能对应不同类型的突发事件。通过建立专司应急管理职能的政府部门，各类专业化的应急管理、救援处置职能可以更加专业化。一般性、通用性的应急救援能力，又能通过救援力量、资源的集中统筹运用，达到资源共享、效率提高的目的。最终实现专业化的救援和常规化的救援职能兼备、相互配合、共同提高的目的。

（3）反应灵敏。突然性、复杂性、紧迫性是突发事件的最明显的特征，这就要求应急处置要做到反应灵敏。所谓反应灵敏，就是指在保持应急管理、应急处置质量的前提下，尽可能缩短从事件发生到响应、处置的时间。

要做到应急处置的反应灵敏，一是监测预警，对事件的发生要事前预测，事发时能够有所准备。二是预防准备，包括思想准备、预案准备、应急物资储备、装备准备等资源储备，专业训练、人员素质等人力准备。三是应急指挥能力，包括统一指挥、决策迅速等，都是各国应急指挥的基本要求。四是统一应急管理职能，目标之一也是减少政府协调部门之间协调的成本，提高应急处置效率。

（4）上下联动。突发事件的应急管理既需要快速反应，也需要有强大信息、资源支持。属地的政府机构、企业、社会组织和公众，具有信息和距离优势，能够迅速及时地对突发事件进行反应，开展自救互救；上级政府机构和应急救援组织，掌握更广泛范围内的专业力量、信息、资源等优势，能够提供强有力的应急管理方面的支持和指导。

应急管理中的上下联动，主要是指由上级党委政府或应急管理部门牵头，自上而下，动员社会上多层次的应急管理主体，广泛参与突发事件的应急管理。上下联动工作方法中，各级党委、政府主要发挥领导作用，做好组织、指挥协调功能；从国家应急管理部、省级应急管理厅（局）、地市级应急管理局、县（市、区）应急管理局四级应急管理部门联动，充分发挥应急管理主体作用；综合应急救援队、专业应急救援队、常规应急救援队互相配合，发挥应急救援主力军的作用；企业、社会组织、第一响应人和志愿者广泛参与，发挥了基础性的支撑作用。通过各类应急管理主体的相互配合、有机整合，形成上下联动的应急网络系统和全方位、立体化的公共安全网。

（5）平战结合。新的应急管理体制要做到“平战结合”，所谓“平”主要是指平时，指常态，即在一定区域范围内，突发事件尚未发生时；“战”主要是指战时，指非常态，即突发事件已经发生或正在发生，需要进行处置时。平战结合主要是指在尚未发生突发事件时，要积极做好监测预警、应急准备工作，保证突发事件发生时，应急力量、装备设备、基础设施、物资资源等，能够满足应急管理工作需要。同时，积极适应并服务于经济发展、社会发展和人民生活服务的需求，实现应急效益、社会效益、经济效益的统一。真正做到以防为主、防抗救相结合，坚持常态减灾和非常态救灾相统一，努力实现注重灾后救助向注重灾前预防转变，从减少灾害损失向减轻灾害风险转变，从应对单一灾种向综合减灾转变。要强化灾害风险防范措施，加强灾害风险隐患排查和治理，健全统筹协调体制，落实责任、完善体系、整合资源、统筹力量，全面提高国家综合防灾减灾救灾能力。

应急管理“平战结合”的主要思路是立足经济和社会的常态运行、社会服务日常管理开展应急管理工作，推进平战协调统一、平战紧密结合、平战迅速转换、平战融合发展的应急管理工作需要。真正做到了按照加强部门协调，制定应急避难场所建设管理、维护相关技术标准和规范。充分利用公园、广场、学校等公共服务设施，因地制宜建设、改造和提升成应急避难场所，增加避难场所数量，为受灾群众提供就近方便的安置服务。

7.3.3 应急管理机制

7.3.3.1 应急管理机制的含义

“机制”一词最早源于希腊文，原指机器的构造和工作原理。把机制的本义引申到不同的领域，就产生了不同的机制。应急管理机制是涵盖了突发事件事前、事发、事中和事后的应对全过程中各种系统化、制度化、程序化、规范化和理论化的方法与措施。其实质内涵是一组建立在相关法律、法规和部门规章基础上的应急管理工作流程体系，反映出突发事件管理系统中组织之间及其内部的相互作用关系，而外在形式则体现为政府及其有关部门在应急管理中的职责。

应急机制建设是实现科学决策的重要手段，也是提高政府应急管理能力的根本途径，对于应急体制建设具有重要的影响。体制建设往往具有一定滞后性，尤其是当体制还处于不够完善或探索的情况下，机制建设能通过完善相关工作制度，从而有利于弥补体制中的不足，并促进体制的发展与完善。

7.3.3.2 应急管理机制的内容

《突发事件应对法》将应急管理分成预防与应急准备、预测与预警、应急处置、恢复与重建4个阶段，每个阶段有若干工作机制（见图7-5）。这些机制围绕着有效应对突发事件，在统一的管理框架下相互融会贯通、相互作用和相互影响，共同构成“统一指挥、反应灵敏、协调有序、运转高效”的应急管理机制不可或缺的重要组成部分。

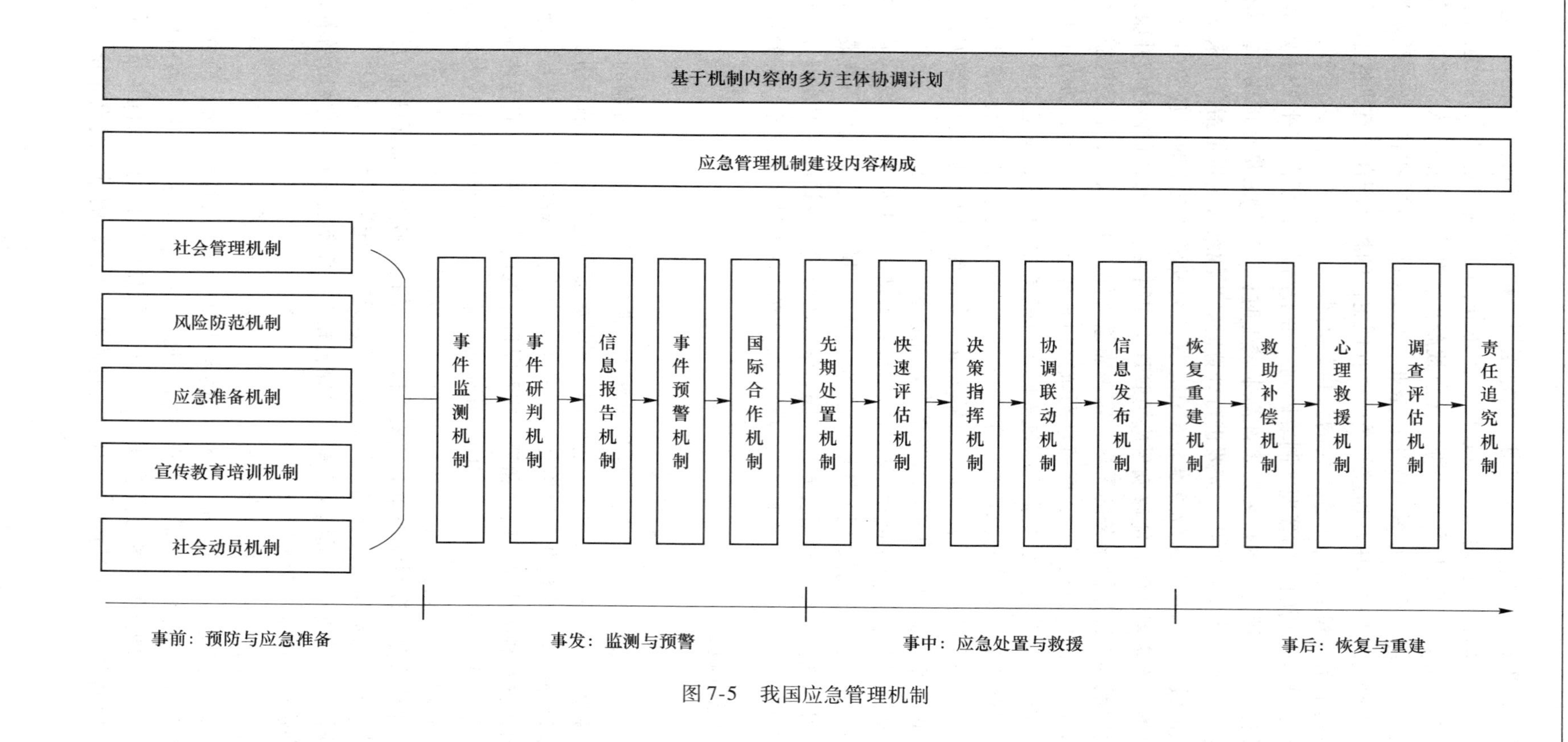

图 7-5 我国应急管理机制

预防与应急准备是应急管理的基础，是防患于未然的阶段，也是应对突发事件最重要的阶段。包括社会管理机制、风险防范机制、应急准备机制、宣传教育培训机制、社会动员机制等。

监测与预警是预防与应急准备的逻辑延伸，突发事件的早发现、早研判、早报告、早预警，是有效预防、减少突发事件的发生，控制、减轻和消除突发事件引起的严重社会危害的重要保障。包括事件监测机制、事件研判机制、信息报告机制、事件预警机制、国际合作机制等。

应急处置与救援是应对突发事件最关键的阶段，旨在快速反应、有效应对，最大限度地保障人民生命财产安全。主要包括：先期处置、快速评估、决策指挥、协调联动、信息发布等机制。

恢复与重建是应对突发事件过程中的最后环节，旨在尽快恢复正常的生产、生活、工作和社会秩序，妥善解决应急处置过程中引发的矛盾和问题。新冠疫情期间，我国采取了直播带货、心理疏导、企业自救等方式，恢复生产生活。

需要说明的是，每一项机制并不是限定在某个特定的阶段，许多机制往往贯穿于应急管理的全流程中并发挥其重要作用。我们只是为了方便阅读与理解，将它们放置到能够重点凸显其作用的部分。如风险防范、应急准备、信息报告、协调联动、社会动员、信息发布机制等，这一点需要说明并请予以关注。

7.3.4 应急管理法制

7.3.4.1 应急管理法制的含义

应急运行机制是人类应对突发事件的较为成熟、有效的方法，那么，为了使人们能够真正掌握并运用这些方法来治理危机，就需要赋予其中最核心的部分以法的效力，从而能够在应急管理过程中指引和约束国家机关、单位和个人的行为。应急法制在本质上就是应急机制及作为其组织载体的应急体制的法律化表现形式。

必须明确，应急法制并不是应急体制、应急机制之外的其他东西，甚至是互斥的东西，而必须认为，应急法制恰恰就在应急体制、应急机制的当中，就是应急体制、应急机制中最重要的那一部分，只不过是将这一部分上升为法律、赋予法律的效力以保证其实施而已。把握好这一点，对于理解整个应急法制的原理和体系至关重要。

7.3.4.2 我国应急管理法制体系

从1954年颁布实施《中华人民共和国戒严法》以来，我国的应急法制体系经历了从无到有、从分散到系统的不断发展与完善的过程。目前，我国的应急法制体系主要包括四个层次的内容：

（1）宪法当中关于紧急状态的条款。我国现行宪法上的紧急权制度包括：1）决定并宣布战争状态的制度；2）决定并宣布紧急状态的制度。《突发事件应对法》第69条规定，普通突发事件的应急管理不属于紧急状态。因此，我国宪法上的紧急权制度仅适用于战争状态和足以引起平常宪法秩序改变的特大非战争危机，应对其他普通突发事件的法律和行为，均不得突破平常的宪法秩序。

（2）应急管理基本法。我国现有的应急管理基本法是2007年11月开始实施的《突发事件应对法》，适用于应对各类普通突发事件的全过程。此后，我国还有可能制定适用于部分特别重大突发事件的《紧急状态法》。

（3）应急管理单行法。我国的单行性应急管理法律绝大多数属于“一事一法”；部分为了实施法律而制定的法规、规章属于“一事一阶段一法”，如《汶川地重实后恢复重建条例》；“一阶段一法”的应急类法律比较少，比较有代表性的是《自然灾害救助条例》《军队参加抢险救灾条例》等。这反映了我国应急工作长期以来以行业管理、分散治理为主的历史传统，也是造成应急管理资源整合不足、综合协调不力的重要原因之一。

（4）应急管理相关法。应急管理法制是一个庞大、复杂的规范体系，除了专门的应急管理法律之外，其他法律中也广泛存在着某些与应急管理相关的制度。这些制度可能是某部法律的个别章节，也可能仅是个别条款。我国的《刑法》《治安管理处罚法》《人民警察法》《劳动法》《道路交通安全法》《环境保护法》《公益事业捐赠法》《慈善法》等许多法律中都有应急管理的相关条款。

（5）有关国际条约和协定。国际条约和协定中有关应急管理的制度主要包括两类：1）有关共同应对某类事件的条约和协定，如针对恐怖袭击、劫持航空器、海难、海啸等事件的国家法规范；2）国际人权公约中对紧急状态下人权克减的规定，《公民权利和政治权利公约》《欧洲人权公约》《美洲人权公约》中均有相应规定。

有关应急预案是否属于应急管理法律体系的一部分，或者说如何确定应急预案效力的问题，人们在认识上还存在分歧。在国，特别是《突发事件应对法》颁布之前，一定级别的应急预案在早期曾经具有相当于行政法规或规章的效力，曾经属于应急管理法制的法律渊源。从原则上看，国务院制定的预案相当于行政法规；国务院有关部门制定的预案相当于部门规章；省级或大市政府制定的预案相当于地方政府规章；其他应急预案是一般行政规范性文件。这在一定程度上促进了应急体系的建设，但确实存在着“以案代法”的情况。2007 年颁布实施的《突发事件应对法》第十七条明确规定：“国家建立健全突发事件应急预案系。”“地方各级人民政府和县级以上地方各级人民政府有关部门根据有关法律、法规、规章、上级人民政府及其有关部门的应急预案以及本地区的实际情况，制定相应的突发事件应急预案。”2013 年国务院颁布的《突件事件应急预案管理办法》第 2 条明确规定：“本办法所称应急预案，是指各级人民政府及其部门、基层组织、企事业单位、社会团体等为依法、迅速、科学、有序应对突发事件，最大程度减少突发事件及其造成的损害而预先制定的工作方案。”应急预案作为工作方案及其与法律的关系得以明确。

7.4　生产经营单位应急预案

视频资源：7.4　生产经营单位应急预案

生产经营单位应急预案是我国应急预案体系中的基本单元，是我国应急管理的一个重要组成部分。生产经营单位的应急预案与政府的相关应急预案连为一体，才能使政府的预案得以有效施行。

7.4.1　生产经营单位应急预案的分类

生产经营单位的应急预案包括：综合应急预案、专项应急预案和现场处置方案三种。其中，综合应急预案是指生产经营单位为应对各种生产安全事故而制定的综合性工作方案，是本单位应对生产安全事故的总体工作程序、措施和应急预案体系的总纲。

专项应急预案是指生产经营单位为应对某一种或多种类型生产安全事故，或者针对重要生产设施、重大危险源、重大活动防止生产安全事故而制定的专项工作方案。

现场处置方案是指生产经营单位根据不同生产安全事故类型，针对具体场所、装置或者设施所制定的应急处置措施。

7.4.2 生产经营单位应急预案的主要内容

应急预案的类型不同，其内容有所不同，具体情况见表7-4。

表7-4 生产经营单位应急预案的主要内容

应急预案类型	综合应急预案	专项应急预案	现场处置方案
主要内容	1. 总则； 2. 应急组织机构及职责； 3. 应急响应； 4. 后期处置； 5. 应急保障	1. 适用范围； 2. 应急组织机构及职责； 3. 响应启动； 4. 处置措施； 5. 应急保障	1. 事故风险描述； 2. 应急工作职责； 3. 应急处置； 4. 注意事项

7.4.2.1 综合应急预案的内容

（1）总则。

1）适用范围。说明应急预案适用的范围。如本预案适用于某场所发生的火灾事故、触电事故和机械伤害事故的应对工作。

2）响应分级。依据事故危害程度、影响范围和生产经营单位控制事态的能力，对事故应急响应进行分级，明确分级响应的基本原则。响应分级不必照搬事故分级。

（2）应急组织机构及职责。明确应急组织形式（可用图示）及构成单位（部门）的应急处置职责。应急组织机构可设置相应的工作小组，各小组具体构成、职责分工及行动任务应以工作方案的形式作为附件。

（3）应急响应。

1）信息报告。①信息接报。明确应急值守电话、事故信息接收、内部通报程序、方式和责任人，向上级主管部门、上级单位报告事故信息的流程、内容、时限和责任人，以及向本单位以外的有关部门或单位通报事故信息的方法、程序和责任人。②信息处置与研判。明确响应启动的程序和方式。根据事故性质、严重程度、影响范围和可控性，结合响应分级明确的条件，可由应急领导小组作出响应启动的决策并宣布，或者依据事故信息是否达到响应启动的条件自动启动。若未达到响应启动条件，应急领导小组可作出预警启动的决策，做好响应准备，实时跟踪事态发展。响应启动后，应注意跟踪事态发展，科学分析处置需求，及时调整响应级别，避免响应不足或过度响应。

2）预警。①预警启动。明确预警信息发布渠道、方式和内容。②响应准备。明确作出预警启动后应开展的响应准备工作，包括队伍、物资、装备、后勤及通信。③预警解除。明确预警解除的基本条件、要求及责任人。

3）响应启动。确定响应级别，明确响应启动后的程序性工作，包括应急会议召开、信息上报、资源协调、信息公开、后勤及财力保障工作。

4）应急处置。明确事故现场的警戒疏散、人员搜救、医疗救治、现场监测、技术支持、工程抢险及环境保护方面的应急处置措施，并明确人员防护的要求。

5）应急支援。明确当事态无法控制情况下，向外部（救援）力量请求支援的程序及要求、联动程序及要求，以及外部（救援）力量到达后的指挥关系。

6）响应终止。明确响应终止的基本条件、要求和责任人。

（4）后期处置。明确污染物处理、生产秩序恢复、人员安置方面的内容。

（5）应急保障。

1）通信与信息保障。明确应急保障的相关单位及人员通信联系方式和方法，以及备用方案和保障责任人。

2）应急队伍保障。明确相关的应急人力资源，包括专家、专兼职应急救援队伍及协议应急救援队伍。

3）物资装备保障。明确本单位的应急物资和装备的类型、数量、性能、存放位置、运输及使用条件、更新及补充时限、管理责任人及其联系方式，并建立台账。

4）其他保障。根据应急工作需求而确定的其他相关保障措施（如：能源保障、经费保障、交通运输保障、治安保障、技术保障、医疗保障及后勤保障）。

7.4.2.2 专项应急预案的内容

（1）适用范围。说明专项应急预案适用的范围，以及与综合应急预案的关系。

（2）应急组织机构及职责。明确应急组织形式（可用图示）及构成单位（部门）的应急处置职责。应急组织机构以及各成员单位或人员的具体职责。应急组织机构可以设置相应的应急工作小组，各小组具体构成、职责分工及行动任务建议以工作方案的形式作为附件。

（3）响应启动。明确响应启动后的程序性工作，包括应急会议召开、信息上报、资源协调、信息公开、后勤及财力保障工作。

（4）处置措施。针对可能发生的事故风险、危害程度和影响范围，明确应急处置指导原则，制定相应的应急处置措施。

（5）应急保障。根据应急工作需求明确保障内容。

7.4.2.3 现场处置方案的内容

（1）事故风险描述。简述事故风险评估的结果（可用列表的形式附在附件中）。

（2）应急工作职责。明确应急组织分工和职责。

（3）应急处置。主要包括以下内容：1）应急处置程序。根据可能发生的事故及现场情况，明确事故报警、各项应急措施启动、应急救护人员的引导、事故扩大及同生产经营单位应急预案的衔接程序。2）现场应急处置措施。针对可能发生的事故从人员救护、工艺操作、事故控制、消防、现场恢复等方面制定明确的应急处置措施。3）明确报警负责人以及报警电话及上级管理部门、相关应急救援单位联络方式和联系人员，事故报告基本要求和内容。

（4）注意事项。包括人员防护和自救互救、装备使用、现场安全方面的内容。

从应急预案的内容可以看出，实质上，综合应急预案、专项应急预案和现场处置方案的基本思路是一脉相承的，但是综合预案更为宏观、全面，涉及的人员和范围更广；专项应急预案、现场处置方案更为具体、更有针对性，涉及的人员和范围相对较小。

在应急预案编制过程中，什么时间编制什么类型的应急预案呢？主要看事故需要的应急能力。需要说明的是，专项应急预案与综合应急预案中的应急组织机构、应急响应程序相近时，可不编写专项应急预案，相应的应急处置措施并入综合应急预案。事故风险单一、危险性小的生产经营单位，可只编制现场处置方案。在实际编制过程中，可以根据事故发展阶段的特点，确定应急预案编制的类型。

7.4.3　生产经营单位应急预案的编制程序

在生产经营单位的实际管理中，按照怎样的程序编制出科学合理的应急预案呢？主要包括八个步骤：成立应急预案编制工作组、资料收集、风险评估、应急资源调查、应急预案编制、桌面推演、应急预案评审和批准实施。

（1）成立应急预案编制工作组。结合本单位职能和分工，成立以单位有关负责人为组长，单位相关部门人员（如生产、技术、设备、安全、行政、人事、财务人员）参加的应急预案编制工作组，明确工作职责和任务分工，制订工作计划，组织开展应急预案编制工作。预案编制工作组中应邀请相关救援队伍以及周边相关企业、单位或社区代表参加。

（2）资料收集。应急预案编制工作组应收集的资料包括：1）适用的法律法规、部门规章、地方性法规和政府规章、技术标准及规范性文件；2）企业周边地质、地形、环境情况及气象、水文、交通资料；3）企业现场功能区划分、建（构）筑物平面布置及安全距离资料；4）企业工艺流程、工艺参数、作业条件、设备装置及风险评估资料；5）本企业历史事故与隐患、国内外同行业事故资料；6）属地政府及周边企业、单位应急预案。

（3）风险评估。开展生产安全事故风险评估，撰写评估报告，其内容包括但不限于：辨识生产经营单位存在的危险有害因素，确定可能发生的生产安全事故类别；分析各种事故类别发生的可能性、危害后果和影响范围；评估确定相应事故类别的风险等级。

（4）应急资源调查。全面调查和客观分析本单位以及周边单位和政府部门可请求援助的应急资源状况，撰写应急资源报告，其内容包括但不限于：本单位可调用的应急队伍、装备、物资、场所；针对生产过程及存在的风险可采取的监测、监控、报警手段；上级单位、当地政府及周边企业可提供的应急资源；可协调使用的医疗、消防、专业抢险救援机构及其他社会化应急救援力量。

（5）应急预案编制。应急预案编制工作包括但不限于：依据事故风险评估及应急资源调查结果，结合本单位组织管理体系、生产规模及处置特点，合理确定本单位应急预案体系；结合组织管理体系及部门业务职能划分，科学设定本单位应急组织机构及职责分工；依据事故可能的危害程度和区域范围，结合应急处置权限及能力，清晰界定本单位的响应分级标准，制定相应层级的应急处置措施；按照有关规定和要求，确定事故信息报告、响应分级与启动、指挥权移交、警戒疏散方面的内容，落实与相关部门和单位应急预案的衔接。

（6）桌面推演。按照应急预案明确的职责分工和应急响应程序，结合有关经验教训，相关部门及其人员可采取桌面演练的形式，模拟生产安全事故应对过程，逐步分析讨论并形成记录，检验应急预案的可行性，并进一步完善应急预案。

（7）应急预案评审。应急预案编制完成后，生产经营单位应按法律法规有关规定组织评审或论证。评审分为内部评审和外部评审，内部评审由生产经营单位主要负责人组织有关部门和人员进行，外部评审由生产经营单位组织外部有关专家和人员进行评审。应急预案评审合格后，由生产经营单位主要负责人（或分管负责人）签发实施，并进行备案管理。

参加应急预案评审的人员可包括有关安全生产及应急管理方面的、有现场处置经验的专家。应急预案论证可通过推演的方式开展。应急预案评审内容主要包括：风险评估和应急资源调查的全面性、应急预案体系设计的针对性、应急组织体系的合理性、应急响应程序和措施的科学性、应急保障措施的可行性、应急预案的衔接性。

应急预案评审程序包括以下步骤：1）评审准备。成立应急预案评审工作组，落实参加评审的专家，将应急预案、编制说明、风险评估、应急资源调查报告及其他有关资料在评审前送达参加评审的单位或人员。2）组织评审。评审采取会议审查形式，企业主要负责人参加会议，会议由参加评审的专家共同推选出的组长主持，按照议程组织评审；表决时，应有不少于出席会议专家人数的三分之二同意方为通过；评审会议应形成评审意见（经评审组组长签字），附参加评审会议的专家签字表。表决的投票情况应当以书面材料记录在案，并作为评审意见的附件。3）修改完善。生产经营单位应认真分析研究，按照评审意见对应急预案进行修订和完善。评审不通过的，生产经营单位应修改完善后按评审程序重新组织专家评审，生产经营单位应写出专家评审意见的修改情况说明，并经专家组组长签字确认。

（8）批准实施。通过评审的应急预案，由生产经营单位主要负责人签发实施。

习　题

PDF 资源：
第 7 章习题答案

一、单选题

1. 预警信号一般采用国际通用的颜色表示不同的安全状况，按照事故的严重性和紧急程度，颜色为橙色代表（　　）级别。

   A. 一般　B. 较重　C. 严重　D. 特别严重

2. 各地区、各部门要针对各种可能发生的突发事件，完善（　　）机制，开展风险分析，做到早发现、早报告、早处置。

   A. 信息报告　B. 预测预警　C. 信息发布　D. 评估

3. 事故应急管理不能局限于事故发生后的应急救援行动，而应做到“预防为主，常备不懈”，完整的应急管理包括（　　）阶段。

   A. 预防、准备、响应和恢复　B. 策划、准备、响应和评审
   C. 策划、响应、恢复和预案管理　D. 预防、响应、恢复和评审

4. 在应急管理中预防有两层含义，其中一层是在假定事故必然发生的前提下，通过预先采取的预防措施，达到降低或减缓事故的影响或后果的严重程度，下列措施当中，不属于预防阶段措施的是（　　）。

   A. 应急演练　B. 加大建筑物的安全距离
   C. 工厂选址的安全规划　D. 减少危险物品的存量

5. 应急预案能否在应急救援中成功地发挥作用，不仅取决于应急预案自身的完善程度，还依赖于应急准

备工作的充分性。下列工作范畴中，属于应急准备的是（　　）。

A. 接警通知　　B. 应急演练　　C. 伤员救治　　D. 事故调查

6. 应急响应是在事故发生后立即采取的应急与救援行动，其中包括（　　）。

A. 信息收集与应急决策　　B. 应急队伍的建设

C. 事故损失评估　　D. 应急预案的演练

7. 下列关于突发事件的恢复工作的说法错误的是（　　）。

A. 短期恢复工作包括向受灾人员提供食品、避难所、安全保障和医疗卫生等基本服务

B. 长期恢复的重点是经济、社会、环境和生活的恢复

C. 恢复阶段要强化有关部门，如市政、民政、医疗、保险、财政等部门的介入，尽快做好灾后恢复重建

D. 长期恢复可以理解为应急响应行动的延伸

8. 全国安全生产应急管理体系的构成部分不包括（　　）。

A. 组织体系　　B. 运行机制

C. 法律法规体系　　D. 技术操作规范

9. 甲企业是一家建筑施工企业，乙企业是一家服装生产加工企业，丙企业是一家存在重大危险源的化工生产企业，丁企业是一家办公软件销售与服务企业。甲、乙、丙、丁四家企业根据《生产安全事故应急预案管理办法》开展预案编制工作。关于生产经营单位应急预案编制的做法，错误的是（　　）。

A. 甲企业董事长指定安全总监为应急预案编制工作组组长

B. 乙企业在编制预案前，开展了事故风险评估和应急资源调查

C. 丁企业编写了火灾、触电现场处置方案

D. 丙企业应急预案经过外部专家评审后，由安全总监签发后实施

二、多选题

10. 某造纸企业为应对桉树原料堆场、原料切片车间、碱回收锅炉车间烘干车间以及发电机组车间发生的突发事件，制定了相应的应急预案。根据有关规定，关于该企业应急管理工作的说法，正确的有（　　）。

A. 堆场原料自燃，厂内外联合灭火应急演练属于响应阶段

B. 碱回收锅炉车间事故后的洗消属于恢复阶段

C. 原料切片车间发生卡机事故后进行的紧急停车属于响应阶段

D. 烘干车间改用小数量多批次的工艺降低危险属于预防阶段

E. 汽轮发电机组车间成立了应急响应分队属于准备阶段

11. 某危险化学品生产企业，主要的事故风险为中毒、火灾和爆炸。在应急管理中，针对突发事件采取了以下应对行动和措施：（1）编制《危险化学品应急预案》；（2）开展公众教育；（3）组织开展应急演练；（4）安置事故中的获救人员；（5）采取防止中毒后发生次生、衍生事故的措施。根据《突发事件应对法》，关于应急管理四个阶段的说法，正确的有（　　）。

A.（1）属于准备阶段　　B.（2）属于预防阶段

C.（3）属于准备阶段　　D.（4）属于响应阶段

E.（5）属于恢复阶段

12. 现场处置方案是生产经营单位根据不同生产安全事故类型，针对具体的场所、装置或设施所制定的应急处置措施。事故风险单一、危险性小的生产经营单位，可只编制现场处置方案。依据《生产经营单位生产安全事故应急预案编制导则》，现场处置方案内容包括（　　）。

A. 事故风险描述　　B. 适用范围

C. 注意事项　　D. 应急工作职责

E. 应急处置

实践活动

任务名称	编制民爆仓库火灾爆炸事故应急救援预案
任务目的	能够根据企业的实际情况，编制事故应急救援预案
任务要求	安全检查虚拟仿真实验是以民用爆炸物品储存仓库为原型，按照1：1的比例进行的三维建模。请根据民用爆炸物品储存仓库的实际情况，编制民爆仓库火灾爆炸事故应急救援预案。编制时请注意： （1）判定民爆仓库火灾爆炸事故应急预案的类型： 综合应急预案□　专项应急预案□　现场处置方案□ （2）开展民爆仓库的资料收集、风险评估、应急资源调查等工作。 （3）编制民爆仓库火灾爆炸事故应急预案，并形成规范文本。 页边距设置：每一页的上方（天头）和左侧（订口）分别留边25 mm，下方（地脚）和右侧（切口）应分别留边20 mm，装订线5 mm，页眉和页脚为0。 题目使用黑体二号字，段前段后为1行；一级标题为黑体四号字，段前段后为0.5行；二级标题为宋体小四加黑，段前段后为0.5行；正文使用宋体小四号字，首行缩进2个字符，行距为1.5倍行距；正文段前段后为0，字符间距为标准。 （4）以民爆仓库虚拟仿真软件为依托，进行应急预案的桌面演练，及时发现问题并进行修改

8 保　　险

当社会产品有剩余时，保险思想就随之产生了。《礼记·王制》中曰：“三年耕，必有一年之食。”要求国家耕种三年，留一年余粮。汉宣帝时开创“常平仓”制度，谷贱时提高粮价买入，谷贵时低价出售给百姓。现代安全管理手段是古代安全思想传承与发展。事故预防减少事故发生的可能，应急措施减少事故发生的严重性。但无论采取什么技术措施和应急措施，事故损失仍有可能大大超过人类承受能力。怎么办呢？企业可以通过保险而得到保障。目前安全管理中常用保险为：工伤保险和安全生产责任保险。

【学习目标】

1. 了解工伤保险、安全生产责任险的概念。
2. 掌握工伤保险的实施原则、认定条件。
3. 了解目前工伤保险面临的问题。
4. 掌握安全生产责任险的保障范围。
5. 明确工伤保险和安全生产责任险的区别。

【思维导图】

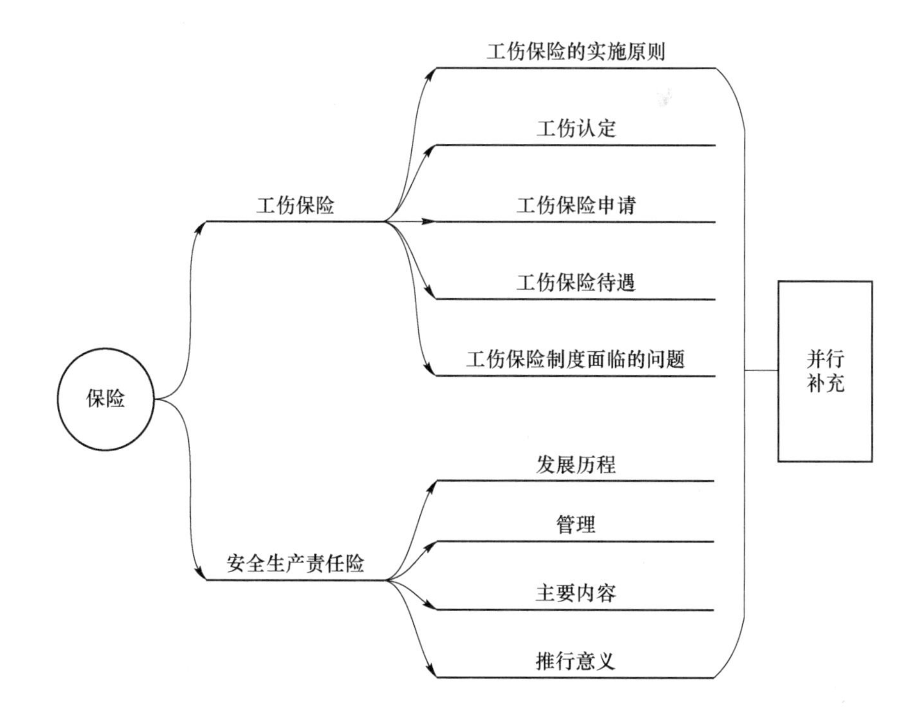

视频资源：
8.1 工伤保险

8.1 工伤保险

工伤保险也称为职业伤害保险，是对在劳动过程中遭受人身伤害的职工、遗属提供经济补偿的一种社会保险制度。国务院于2003年制定了《工伤保险条例》，并于2010年进行了修订，新版《工伤保险条例》于2011年1月1日起实施。《工伤保险条例》对工伤保险基金、工伤认定、劳动能力鉴定、工伤保险待遇、监督管理、法律责任等内容进行了规定。

8.1.1 工伤保险的实施原则

工伤保险的实施遵循四条原则：

（1）强制性实施原则，是指国家通过法律法规强制企业实行工伤赔偿，并依照法定的项目、标准和方式支付待遇，依照法定的标准和时间缴纳保险费，对于违反有关规定的，要依法追究法律责任。

（2）无责任赔偿原则，是指劳动者在生产工作过程中遭遇工伤事故后，无论其是否对意外事故负有责任，均应依法按规定的标准享受工伤保险待遇。

（3）个人不缴费原则，是指工伤保险费全部由用人单位负担，劳动者个人不缴费。

（4）损失补偿与事故预防及职业康复相结合的原则，是指现代工伤保险已不仅仅局限于对工伤职工给予经济补偿，而是把工伤补偿、工伤预防与工伤康复紧密联系起来，以更好地发挥其在维护社会安定、保护和促进生产力发展方面的积极作用。

纵观以上4个原则，可以看出工伤保险的核心是以人为本，保障受伤害职工的合法权益。

8.1.2 工伤认定

职工有下列情形之一的，应当认定为工伤：

（1）在工作时间和工作场所内，因工作原因受到事故伤害的；

（2）工作时间前后在工作场所内，从事与工作有关的预备性或者收尾性工作受到事故伤害的；

（3）在工作时间和工作场所内，因履行工作职责受到暴力等意外伤害的；

（4）患职业病的；

（5）因工外出期间，由于工作原因受到伤害或者发生事故下落不明的；

（6）在上下班途中，受到非本人主要责任的交通事故或者城市轨道交通、客运轮渡、火车事故伤害的；

（7）法律、行政法规规定应当认定为工伤的其他情形。

职工有下列情形之一的，视同工伤：

（1）在工作时间和工作岗位，突发疾病死亡或者在48 h之内经抢救无效死亡的；

（2）在抢险救灾等维护国家利益、公共利益活动中受到伤害的；

（3）职工原在军队服役，因战、因公负伤致残，已取得革命伤残军人证，到用人单位后旧伤复发的。

职工有前款第（1）项、第（2）项情形的，按照本条例的有关规定享受工伤保险待遇；职工有前款第（3）项情形的，按照本条例的有关规定享受除一次性伤残补助金以外的工伤保险待遇。

但是有下列情形之一的，不得认定为工伤或者视同工伤：

（1）故意犯罪的；

（2）醉酒或者吸毒的；

（3）自残或者自杀的。

8.1.3 工伤保险申请

职工发生事故伤害或者按照职业病防治法规定被诊断、鉴定为职业病，所在单位应当自事故伤害发生之日或者被诊断、鉴定为职业病之日起30日内，向统筹地区社会保险行政部门提出工伤认定申请。遇有特殊情况，经报社会保险行政部门同意，申请时限可以适当延长。

用人单位未按前款规定提出工伤认定申请的，工伤职工或者其近亲属、工会组织在事故伤害发生之日或者被诊断、鉴定为职业病之日起1年内，可以直接向用人单位所在地统筹地区社会保险行政部门提出工伤认定申请。

提出工伤认定申请应当提交下列材料：（1）工伤认定申请表；（2）与用人单位存在劳动关系（包括事实劳动关系）的证明材料；（3）医疗诊断证明或者职业病诊断证明书（或者职业病诊断鉴定书）。工伤认定申请表应当包括事故发生的时间、地点、原因以及职工伤害程度等基本情况。工伤认定申请人提供材料不完整的，社会保险行政部门应当一次性书面告知工伤认定申请人需要补正的全部材料。申请人按照书面告知要求补正材料后，社会保险行政部门应当受理。

社会保险行政部门受理工伤认定申请后，根据审核需要可以对事故伤害进行调查核实，用人单位、职工、工会组织、医疗机构以及有关部门应当予以协助。职业病诊断和诊断争议的鉴定，依照职业病防治法的有关规定执行。对依法取得职业病诊断证明书或者职业病诊断鉴定书的，社会保险行政部门不再进行调查核实。职工或者其近亲属认为是工伤，用人单位不认为是工伤的，由用人单位承担举证责任。

社会保险行政部门应当自受理工伤认定申请之日起60日内作出工伤认定的决定，并书面通知申请工伤认定的职工或者其近亲属和该职工所在单位。社会保险行政部门对受理的事实清楚、权利义务明确的工伤认定申请，应当在15日内作出工伤认定的决定。作出工伤认定决定需要以司法机关或者有关行政主管部门的结论为依据的，在司法机关或者有关行政主管部门尚未作出结论期间，作出工伤认定决定的时限中止。社会保险行政部门工作人员与工伤认定申请人有利害关系的，应当回避。

8.1.4 工伤保险待遇

8.1.4.1 工伤医疗待遇

职工因工作遭受事故伤害或者患职业病进行治疗，享受工伤医疗待遇。职工治疗工伤应当在签订服务协议的医疗机构就医，情况紧急时可以先到就近的医疗机构急救。治疗工伤所需费用符合工伤保险诊疗项目目录、工伤保险药品目录、工伤保险住院服务标准的，从工伤保险基金支付。工伤保险诊疗项目目录、工伤保险药品目录、工伤保险住院服务标准，由国务院社会保险行政部门会同国务院卫生行政部门、食品药品监督管理部门等部门规定。

职工住院治疗工伤的伙食补助费，以及经医疗机构出具证明，报经办机构同意，工伤职工到统筹地区以外就医所需的交通、食宿费用从工伤保险基金支付，基金支付的具体标准由统筹地区人民政府规定。

工伤职工到签订服务协议的医疗机构进行工伤康复的费用，符合规定的，从工伤保险基金支付。工伤职工因日常生活或者就业需要，经劳动能力鉴定委员会确认，可以安装假肢、矫形器、假眼、假牙和配置轮椅等辅助器具，所需费用按照国家规定的标准从工伤保险基金支付。

职工因工作遭受事故伤害或者患职业病需要暂停工作接受工伤医疗的，在停工留薪期内，原工资福利待遇不变，由所在单位按月支付。停工留薪期一般不超过 12 个月。伤情严重或者情况特殊，经设区的市级劳动能力鉴定委员会确认，可以适当延长，但延长不得超过 12 个月。工伤职工评定伤残等级后，停发原待遇，按照有关规定享受伤残待遇。工伤职工在停工留薪期满后仍需治疗的，继续享受工伤医疗待遇。生活不能自理的工伤职工在停工留薪期需要护理的，由所在单位负责。

8.1.4.2 评定伤残等级后待遇

工伤职工已经评定伤残等级并经劳动能力鉴定委员会确认需要生活护理的，从工伤保险基金按月支付生活护理费。生活护理费按照生活完全不能自理、生活大部分不能自理或者生活部分不能自理 3 个不同等级支付，其标准分别为统筹地区上年度职工月平均工资的 50%、40%或者 30%。

（1）职工因工致残被鉴定为一级至四级伤残的，保留劳动关系，退出工作岗位，享受以下待遇：

1）从工伤保险基金按伤残等级支付一次性伤残补助金，标准为：一级伤残为 27 个月的本人工资，二级伤残为 25 个月的本人工资，三级伤残为 23 个月的本人工资，四级伤残为 21 个月的本人工资。

2）从工伤保险基金按月支付伤残津贴，标准为：一级伤残为本人工资的 90%，二级伤残为本人工资的 85%，三级伤残为本人工资的 80%，四级伤残为本人工资的 75%。伤残津贴实际金额低于当地最低工资标准的，由工伤保险基金补足差额。

3）工伤职工达到退休年龄并办理退休手续后，停发伤残津贴，按照国家有关规定享受基本养老保险待遇。基本养老保险待遇低于伤残津贴的，由工伤保险基金补足差额。

职工因工致残被鉴定为一级至四级伤残的，由用人单位和职工个人以伤残津贴为基数，缴纳基本医疗保险费。

（2）职工因工致残被鉴定为五级、六级伤残的，享受以下待遇：

1）从工伤保险基金按伤残等级支付一次性伤残补助金，标准为：五级伤残为 18 个月的本人工资，六级伤残为 16 个月的本人工资。

2）保留与用人单位的劳动关系，由用人单位安排适当工作。难以安排工作的，由用人单位按月发给伤残津贴，标准为：五级伤残为本人工资的 70%，六级伤残为本人工资的 60%，并由用人单位按照规定为其缴纳应缴纳的各项社会保险费。伤残津贴实际金额低于当地最低工资标准的，由用人单位补足差额。

经工伤职工本人提出，该职工可以与用人单位解除或者终止劳动关系，由工伤保险基金支付一次性工伤医疗补助金，由用人单位支付一次性伤残就业补助金。一次性工伤医疗补助金和一次性伤残就业补助金的具体标准由省、自治区、直辖市人民政府规定。

（3）职工因工致残被鉴定为七级至十级伤残的，享受以下待遇：

1）从工伤保险基金按伤残等级支付一次性伤残补助金，标准为：七级伤残为13个月的本人工资，八级伤残为11个月的本人工资，九级伤残为9个月的本人工资，十级伤残为7个月的本人工资。

2）劳动、聘用合同期满终止，或者职工本人提出解除劳动、聘用合同的，由工伤保险基金支付一次性工伤医疗补助金，由用人单位支付一次性伤残就业补助金。一次性工伤医疗补助金和一次性伤残就业补助金的具体标准由省、自治区、直辖市人民政府规定。

工伤职工工伤复发，确认需要治疗的，享受规定的工伤待遇。

（4）职工因工死亡，其近亲属按照下列规定从工伤保险基金领取丧葬补助金、供养亲属抚恤金和一次性工亡补助金：

1）丧葬补助金为6个月的统筹地区上年度职工月平均工资。

2）供养亲属抚恤金按照职工本人工资的一定比例发给由因工死亡职工生前提供主要生活来源、无劳动能力的亲属。标准为：配偶每月40%，其他亲属每人每月30%，孤寡老人或者孤儿每人每月在上述标准的基础上增加10%。核定的各供养亲属的抚恤金之和不应高于因工死亡职工生前的工资。供养亲属的具体范围由国务院社会保险行政部门规定。

3）一次性工亡补助金标准为上一年度全国城镇居民人均可支配收入的20倍。

伤残职工在停工留薪期内因工伤导致死亡的，其近亲属享受丧葬补助金、供养亲属抚恤金和一次性补助金的待遇。一级至四级伤残职工在停工留薪期满后死亡的，其近亲属可以享受丧葬补助金、供养亲属抚恤金的待遇。

李某在某机械工厂工作，因疏忽大意被模具压伤，经劳动能力鉴定委员会鉴定为四级伤残。公司领导、同事及其本人对于李某工伤保险基金赔偿问题展开讨论。王某认为：李某因自己疏忽大意，不应认定为工伤，故不赔偿。赵某认为：李某的伤应当认定为工伤，并从工伤保险基金按月支付本人工资的75%的伤残津贴。周某认为：公司应当从工伤保险基金支付李某20个月的本人工资的一次性伤残补助金。郑某认为：公司应当保留李某的劳动关系，让李某退出工作岗位。李某本人认为：若自己和公司提出解除劳动合同关系，公司多赔偿后可以解除劳动合同关系。依据《工伤保险条例》，王某、赵某、周某、郑某、李某五人谁的说法是正确的呢？

分析：（1）王某的说法错误。工伤保险遵守“无责任赔偿原则”。李某在工作时间和工作场所，因工作原因受到事故伤害，应该认定为工伤。

（2）赵某的说法正确。李某被认定为四级伤残，应从工伤保险基金按月支付本人工资的75%的伤残津贴。

（3）周某的说法错误。李某被认定为四级伤残，公司应当从工伤保险基金支付李某21个月的本人工资的一次性伤残补助金。

（4）郑某的说法正确。

（5）李某本人的说法错误。四级伤残应保留劳动关系，退出劳动岗位，享受相应的待遇。

8.1.5 工伤保险制度面临的问题

改革开放以来，我国工伤保险制度取得了一定的成就，覆盖面增加；基金收支规模扩大；待遇调整机制初步确立，工伤预防和康复初步探索。但总体而言，现行工伤保险制度对化解新经济形态、新业态下的职业风险越来越不适应。

（1）劳动关系的参保限制使越来越多的高风险劳动者被排除在制度之外。相关数据表明，目前我国工伤保险全口径覆盖率仅30%左右（如图8-1所示）。大量新业态劳动者、其他灵活就业者、超龄劳动者以及建筑业、交通运输业等传统高风险行业的非劳动关系劳动者均处于工伤保障真空地带。

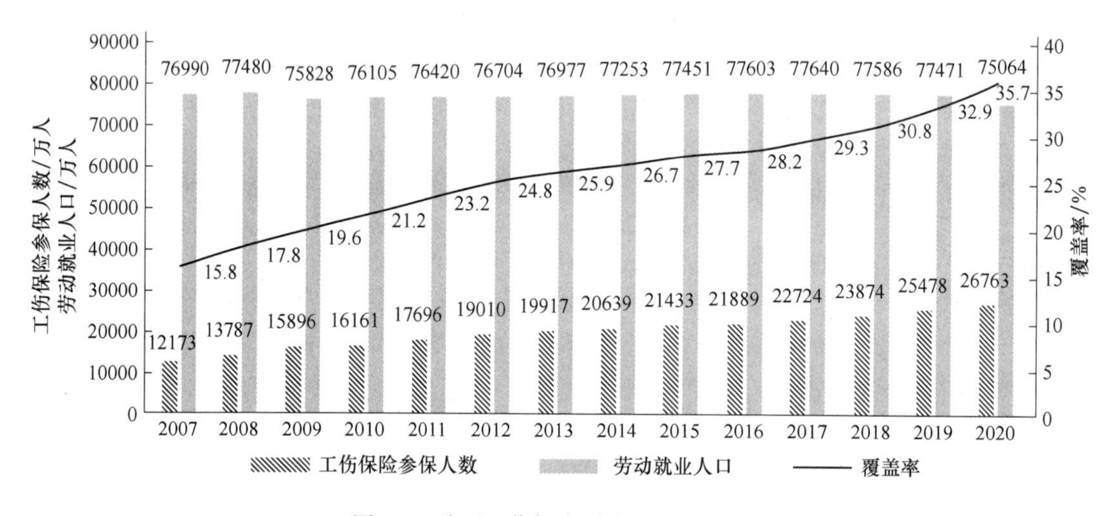

图8-1 我国工伤保险覆盖面发展统计图

（2）工伤保险制度内部结构失衡。工伤保险制度的预防、康复和赔偿三大功能存在发展失衡。当前我国工伤保险制度几乎只有工伤赔偿功能。工伤预防有待加强。据统计2019年全国工伤预防费支出仅2.4亿元，仅占当年工伤保险基金支出的0.2%。工伤康复迄今未取得实质性发展。2019年全国认定和视同工伤113.3万人，评定伤残等级60.7万元，但同年工伤康复仅3.7万人次。

（3）工伤保险待遇责任分担机制不适应风险转移的需要。从责任分担方式看，我国工伤保险实际是部分风险保障制，而不是雇主责任风险的完全转移，因为劳动者发生工伤后，企业仍需承担一定的赔偿责任（如停工留薪待遇、护理费等）。虽然让企业承担一部分赔偿责任是为督促企业重视工伤预防，但由于实践中法律、行政对企业行为规制不足、工伤保险费率缺乏风险的敏感性，这种分担方式已成为诱发工伤者和企业间纠纷的主要原因。工伤者经常需要与企业进行各种交涉而无法充分、顺利地实现自己的权益。既未能满足企业风险转移的需要，也未能满足职工工伤保障的需要，还未形成企业工伤预防的驱动力。尤其在新经济形态中，互联网经济、平台经济使劳动关系发生了变异，一个劳动者为多个用工单位服务的现象普遍存在，由企业承担部分赔偿责任的方式增加了工伤索赔的难度，催生了企业推卸赔偿责任的动机，增加了工伤争议，也损害了工伤者的权益。

基于新时代发展要求和现行工伤保险制度的不足，特别是第四次工业革命对生产方式与就业方式的深刻影响，重构我国工伤保险制度势在必行，需要寻找合理的实现路径。

尘肺病重点行业职工将全面纳入工伤保险

尘肺病是我国目前最为严重的职业病。国家卫健委统计数据显示，截至2021年底，全国累计报告职业性尘肺病患者91.5万人，现存活的职业性尘肺病患者大概还有45万人。但很多尘肺病患者无法享受职业病的相关待遇。

2019年12月2日，中华人民共和国人力资源和社会保障部和国家卫生健康委员会联合发布《人力资源社会保障部国家卫生健康委关于做好尘肺病重点行业工伤保险有关工作的通知》，要求自2020年开始，在煤矿、非煤矿山、冶金、建材等尘肺病重点行业，开展为期3年的工伤保险扩面专项行动，原则上做到应保尽保，以切实做好尘肺病重点行业和企业职工工伤保险权益保障工作，预防和减少尘肺病重点行业和企业职业伤害事故的发生，加强尘肺病工伤职工职业健康保护工作。

8.2 安全生产责任保险

视频资源：8.2 安全生产责任保险

工伤保险在保障工伤职工及其家属基本生活水准，减轻用人单位负担方面发挥了巨大作用。但工伤保险的赔付，不能免除企业生产安全事故的赔偿责任。特别是高危行业，事故发生后，企业赔偿可能远远大于企业的赔偿能力。怎么办呢？安全生产责任险应运而生。

8.2.1 我国安全生产责任保险的发展历程

2005年以前我国煤矿事故频发。2005年，《煤矿企业安全生产风险抵押金管理暂行办法》出台，要求煤矿企业必须储存风险抵押金。企业以其法人或合伙人名义将本企业资金专户存储，用于本企业生产安全事故抢险、救灾与善后处理。

2006年，《企业安全生产风险抵押金管理暂行办法》出台，安全生产风险抵押金制度推广到矿山、交通运输、建筑施工、危险化学品、烟花爆竹等行业。

安全生产风险抵押金在事故抢险、救灾与善后处理过程中确实发挥了一定作用，但也暴露了一些问题：（1）高危行业缴纳安全生产风险抵押金的金额在30万~500万元不等，造成大量资金被冻结，增加企业资金压力。（2）企业可以使用的风险抵押金以其缴纳的实际金额为限，不能放大、不能统筹，没有实现风险转移。

2012年6月发布的《中华人民共和国安全生产法（修正案）(征求意见稿)》中提出："危险物品的生产、经营、储存单位以及矿山、建筑施工单位应当参加安全生产责任保险，保险金用于赔偿因生产安全事故造成的从业人员人身伤害以外的第三方损害，以及生产安全事故抢险救援、事故调查所需费用。具体办法由国务院安全生产监督管理部门会同国务院保险监督管理机构制定。"正式发布的2014版《中华人民共和国安全生产法》第四十八条规定："国家鼓励生产经营单位投保安全生产责任保险"，从法律层面尚未强制高危行业、领域的生产经营单位投保安全生产责任险。

2016 年 12 月 9 日，《中共中央国务院关于推进安全生产领域改革发展的意见》中提出：“取消安全生产风险抵押金制度，建立健全安全生产责任保险制度，在矿山、危险化学品、烟花爆竹、交通运输、建筑施工、民用爆炸物品、金属冶炼、渔业生产等高危行业领域强制实施，切实发挥保险机构参与风险评估管控和事故预防功能。”

原国家安全监管总局、原保监会、财政部《安全生产责任保险实施办法》（安监总办〔2017〕140 号）明确规定，自 2018 年 1 月 1 日起，煤矿、非煤矿山、危险化学品、烟花爆竹、交通运输、建筑施工、民用爆炸物品、金属冶炼、渔业生产等高危行业领域的生产经营单位应当投保安全生产责任保险。对生产经营单位已投保的与安全生产相关的其他险种，应当增加或将其调整为安全生产责任保险，增强事故预防功能。

自 2021 年 9 月 1 日起施行的国家新《安全生产法》，第四十八条改为第五十一条，第二款修改为：“国家鼓励生产经营单位投保安全生产责任保险；属于国家规定的高危行业、领域的生产经营单位，应当投保安全生产责任保险。具体范围和实施办法由国务院应急管理部门会同国务院财政部门、国务院保险监督管理机构和相关行业主管部门制定。”高危行业由“鼓励”投保安全生产责任险改为“应当”投保。

8.2.2 安全生产责任保险的管理

安全生产责任保险，是指保险机构对投保的生产经营单位发生的生产安全事故造成的人员伤亡和有关经济损失等予以赔偿，并且为投保的生产经营单位提供生产安全事故预防服务的商业保险。依据《安全生产责任保险实施办法》请求的经济赔偿，不影响参保的生产经营单位从业人员（含劳务派遣人员）依法请求工伤保险赔偿的权利。

安全生产责任保险坚持“风险防控、费率合理、理赔及时”的原则，按照“政策引导、政府推动、市场运作”的方式推行安全生产责任保险工作。安全生产责任保险的保费由生产经营单位缴纳，不得以任何方式摊派给从业人员个人。

煤矿、非煤矿山、危险化学品、烟花爆竹、交通运输、建筑施工、民用爆炸物品、金属冶炼、渔业生产等高危行业领域的生产经营单位应当投保安全生产责任保险。鼓励其他行业领域生产经营单位投保安全生产责任保险。各地区可针对本地区安全生产特点，明确应当投保的生产经营单位。对存在高危粉尘作业、高毒作业或其他严重职业病危害的生产经营单位，可以投保职业病相关保险。对生产经营单位已投保的与安全生产相关的其他险种，应当增加或将其调整为安全生产责任保险，增强事故预防功能。

某市有砷化氢企业、石材加工企业、甲醇生产企业、物流企业、炼钢厂、食品加工、鞭炮厂、机械加工厂，根据《安全生产责任保险实施办法》（安监总办〔2017〕140 号），哪些企业除投保安全生产责任险之外，还可以投保职业病保险？

8.2.3 安全生产责任保险的主要内容

安全生产责任保险保障保险范围广。安全生产责任保险的保障范围覆盖全体从业人员。同一生产经营单位的从业人员获取的保险金额应当实行同一标准，不得因用工方式、工作岗位等差别对待。各地区根据实际情况确定安全生产责任保险中涉及人员死亡的最低赔偿金额，每死亡一人按不低于30万元赔偿，并按本地区城镇居民上一年度人均可支配收入的变化进行调整。对未造成人员死亡事故的赔偿保险金额度在保险合同中约定。安全生产责任保险的保险范围不仅包括投保的生产经营单位的从业人员的人身伤亡赔偿，还包括第三者人身伤亡和财产损失赔偿，事故抢险救援、医疗救护、事故鉴定、法律诉讼等费用。

安全生产责任保险具有事故预防功能。企业投保安全生产责任险后，保险公司应当建立生产安全事故预防服务制度，协助投保的生产经营单位开展以下工作：安全生产和职业病防治宣传教育培训；安全风险辨识、评估和安全评价；安全生产标准化建设；生产安全事故隐患排查；安全生产应急预案编制和应急救援演练；安全生产科技推广应用；其他有关事故预防工作。

安全生产责任保险费率动态调整。各行业领域安全生产责任保险基准指导费率，实行差别费率和浮动费率。同一企业投保费率动态调整，费率调整综合考虑生产经营单位发生事故次数、事故等级、安全风险程度、安全生产标准化等级、隐患排查治理情况、安全生产诚信等级、是否被纳入安全生产领域联合惩戒“黑名单”、赔付率等。

安全生产责任保险的理赔及时。安全生产事故发生后，保险公司启动快速理赔机制，按照法律规定或者合同约定先行支付确定的赔偿保险金。生产经营单位怠于请求赔偿的，受害人有权就其应获赔偿部分直接向保险机构请求赔付。

8.2.4 安全生产责任保险的推行意义

安全生产责任保险的推行有利于提高企业应急处置能力。安全生产责任险可以帮助企业转移经济赔偿风险，帮助企业及时、快速进行善后处理，最大限度保护产品信誉和企业声誉，尽快恢复正常生产经营。2019年5月20日，某民爆公司炸药生产车间发生爆炸，造成周围建筑大部分坍塌，生产车间及周围区域33人死亡、19人受伤。保险公司接报案后，立即启动重特大事故应急预案，开启绿色理赔通道，预支资金600万元，及时帮助被保险人缓解资金周转问题，并认真做好伤亡人员家属接待、安抚和赔偿工作。最终保险公司共赔偿900多万元，有效缓解了参保企业的资金压力。

安全生产责任保险的推行有助于提高企业事故预防能力。安全生产责任险在转嫁行业风险赔偿责任的同时，能够通过保险人的防灾防损、风险培训、风险评估、承保费率调整杠杆等风险管理手段，促使企业在事前、事中、事后实施风险控制，从而强化投保人的安全法律意识和遵章守纪、自我保护的能力，有效降低行业的风险事故率。

安全生产责任保险的推行有利于减轻政府负担。生产安全事故发生后，尤其是中小企业发生重大、特别重大生产安全事故后，政府要及时组织抢险和救援，并介入善后工作，保证受难者家属能够得到一定的经济补偿。安全生产责任险引入后，保险机构在承保范围内提供补偿，提供了一条新的弥补损失的资金来源，能有效减轻政府的财政负担。

8.2.5 安全生产责任保险与工伤保险的差异

安全生产责任保险与工伤保险在保险标的、赔偿条件、法律依据等各方面均有所不同。

（1）保险标的不同。工伤保险的保险标的是生命和人身，安全生产责任保险是以被保险企业在生产经营过程中因疏忽过失而发生生产安全事故造成员工的人身伤亡时依法应当承担的经济赔偿责任为保险标的。

（2）保险赔偿的条件不同。工伤保险需要三个前提条件：存在劳动合同关系、获得有关部门的工伤认定、发生伤亡事故。安全生产责任保险赔付的前提条件是由相关部门认定为安全生产伤亡事故。

（3）法律依据不同。工伤保险依据《工伤保险条例》；安全生产责任险依据是《安全生产法》《中华人民共和国民法通则》《最高人民法院关于审理人身损害赔偿案件适用法律若干问题的解释》。

（4）赔偿对象或受益个体不同。工伤保险只是企业员工受益。安全生产责任险惠及企业员工和社会公众。

（5）缴费方式不同。工伤保险按工资总额取费。安全生产责任保险按照产值和产量取费。

综合来看，安全生产责任险是工伤保险的并行补充，是社会保障体系重要而有益的部分，具有广阔的发展前景。在坚持和完善工伤社会保险的同时，应积极发展安全生产责任险，使两者相辅相成，共同服务和促进我国的安全生产工作。

习　题

PDF 资源：
第 8 章习题答案

一、单选题

1. 参加工伤保险由谁缴费？（　　）
   A. 单位缴费，职工个人不缴费　　B. 职工缴费
   C. 单位和职工共同缴费　　D. 按单位和职工的约定方式缴费
2. 有下列哪种情形的，可以认定为工伤或者视同工伤（　　）。
   A. 故意犯罪的　　B. 醉酒或者吸毒的
   C. 自残或者自杀的　　D. 因履行工作职责受到暴力等意外伤害的
3. 某企业员工唐某驾驶汽车上班途中，因车速过快与同向行驶的一辆大货车追尾，造成唐某身亡。唐某家属提出了工伤认定申请。下列关于认定结果的说法，正确的是（　　）。
   A. 认定为工伤　　B. 视同工伤
   C. 比照工伤　　D. 不予认定工伤
4. 职工发生事故伤害或者被诊断为职业病，所在单位应当几日内向统筹地区社会保险行政部门提出工伤认定申请（　　）。
   A. 30 日内　　B. 60 日内
   C. 半年内　　D. 一年内
5. 根据《工伤保险条例》相关规定，下列因员工工伤所产生的费用中，不应由工伤保险基金支付的是（　　）。
   A. 职工工伤住院治疗期间的伙食补助费
   B. 工伤职工到签订服务协议的医疗机构进行康复的费用
   C. 工伤职工因生活或就业需要，经劳动能力鉴定委员会确认，安装假肢的费用

D. 生活不能自理的工伤职工在停工留薪期间的护理费用

6. 安全生产风险抵押金制度不具备主动影响企业在安全管理方面采取积极的态度，还占用企业大量的资金不利于生产经营。该制度已经被我国淘汰，取而代之的是（　　）。

A. 工伤保险制度　　B. 安全生产责任保险

C. 失信惩戒和守信激励机制　　D. 意外伤害保险制度

7. 安全生产责任保险，是指保险机构对投保的生产经营单位发生的（　　）造成的人员伤亡和有关经济损失等予以赔偿，并且为投保的生产经营单位提供生产安全事故预防服务的商业保险。

A. 交通事故　　B. 生产安全事故

C. 一切意外事故　　D. 自然灾害

8. 安全生产责任保险的保费由生产经营单位缴纳（　　）。

A. 自从业人员工资中扣除相关保费

B. 强制向从业人员收取费用

C. 企业和从业人员分摊保费

D. 不得以任何方式摊派给从业人员个人

9. 安全生产责任保险是强化安全事故风险管控的重要措施，有利于增强安全生产意识，防范事故发生，依据《安全生产责任保险实施办法》(安监总办〔2017〕140 号)，下列应当投保安全生产责任保险的是（　　）。

A. 大型食品加工厂　　B. 大型汽车配件生产厂

C. 大型渔业生产公司　　D. 大型饮料生产公司

10. 保险机构应当严格按照合同约定及时赔偿保险金，建立快速理赔机制，在事故发生后按照法律规定或者合同约定先行支付确定的赔偿保险金。各地区根据实际情况确定安全生产责任保险中涉及人员死亡的最低赔偿金额，每死亡一人按不低于（　　）赔偿。

A. 10 万元　　B. 20 万元　　C. 30 万元　　D. 40 万元

二、多选题

11. 依据《工伤保险条例》，下列用人单位职工伤亡的情形中，可以认定为工伤的有（　　）。

A. 在工作时间和工作岗位因本人违章作业而造成伤害的

B. 在工作岗位突发心脏病三天后死亡的

C. 在工作时间之外参加本单位事故应急救援受到伤害的

D. 在上下班途中受到非本人主要责任的电动车事故伤害的

E. 在工作场所内从事作业前安全检查确认时发生伤亡的

12. 依据《工伤保险条例》的规定，下列应当认定为工伤的情形有（　　）。

A. 某职工违章操作机床，造成了右臂骨折

B. 某职工外出参加会议期间，在宾馆内洗澡时滑倒，造成腿骨骨折

C. 某职工在上班途中，受到非本人主要责任的交通事故伤害

D. 某职工在下班后清理机床时，机床意外启动造成职工受伤

E. 某职工在易燃作业场所内吸烟，导致火灾，本人受伤

13. 根据《工伤保险条例》，工伤申请和认定应当符合有关规定，这些规定有（　　）。

A. 所在单位应当自事故伤害发生之日或者被诊断、鉴定为职业病之日起 60 日内，向社会保险行政部门提出工伤认定申请

B. 社会保险行政部门应当自受理工伤认定申请之日起 60 日内作出工伤认定的决定

C. 社会保险行政部门对受理的事实清楚、权利义务明确的工伤认定申请，应当在 15 日内作出工伤认定决定

D. 职工认为是工伤，用人单位不认为是工伤的，由职工承担举证责任

E. 对依法取得职业病诊断证明或者职业病诊断鉴定书的，社会保险行政部门不再进行调查核实

14. 为了规范安全生产责任保险工作，强化事故预防，切实保障投保的生产经营单位及有关人员的合法权益，保险机构应当建立生产安全事故预防服务制度，协助投保的生产经营单位开展相关工作。依据《安全生产责任保险实施办法》，应开展的工作包括（　　）。

A. 安全生产和职业病防治宣传教育培训

B. 生产安全事故隐患排查

C. 工伤保险费用的使用、管理

D. 安全生产应急预案编制和应急救援演练

E. 安全生产科技推广应用

案例分析

名称	工伤保险案例分析
分析目的	1. 掌握工伤保险的范围。 2. 掌握工伤保险认定程序。 3. 能根据实际情况，计算工伤保险待遇
事故案例	李某，男，40岁，为某物业公司的保安，被指派到一个大型单位工作。2021年4月16日凌晨2点，李某值班期间突然发现可疑人员溜进单位。李某随即上前盘查，来人一看事情不妙准备溜走，李某抓住不放，两者扭打在一起。最后，李某被来人拖出单位，摔倒在公路边，昏迷不醒。早晨6点多，李某被他人发现送到附近医院救治。李某共住院治疗70天，花费医疗费59225.81元。住院期间因生活部分不能自理，聘请护工进行护理，护工费用为5000元。出院后根据医嘱进行电针、理疗等康复治疗，共计花费8765元。治疗工伤所需费用均符合工伤保险诊疗项目目录、工伤保险药品目录、工伤保险住院服务标准。 李某所在公司为所有员工购买了工伤保险，事故发生当日李某配偶向有关部门提交了工伤认定申请。2021年6月，单位所在市劳动和社会保障部门做出《工伤认定决定通知书》，认定申请人所受伤害为工伤。市劳动能力鉴定委员会评定申请人的伤残等级为十级，属因工部分丧失劳动能力。但该物业公司认为李某不是工伤，因为李某是在工作场所外的公路上受伤的，且案件一直没有破案，没有证物、证人证明事情发生的经过。随后物业公司向市人民政府申请行政复议。市政府复议后，维持了市劳动保障行政机关的决定。 李某受伤后停工留薪4个月。李某工作期间月工资为2300元，单位所在地区上年度职工月平均工资为4041元。综合考虑各方情况，李某提出解除劳动合同。根据该市的相关文件规定，由本人提出解除劳动合同的，工伤职工被鉴定为十级伤残的，获得一次性工伤医疗补助金和一次性伤残就业补助金，补助金额分别为4个月、8个月统筹地区上年度职工月平均工资。
分析内容	1. 李某的行为为什么被判定为工伤？ 《工伤保险条例》规定，职工有以下情形之一的，应当被认定为工伤： (1) (2) (3) (4) (5) (6) (7) 根据第____条的规定，李某的行为属于工伤。 2. 物业公司认为李某的行为不属于工伤，李某配偶向相关部门提出了工伤认定申请，法律依据是什么？如果在法律时限内，没有任何单位或个人提出工伤认定申请，职工的赔偿费用如何支付？ 根据《工伤保险条例》相关规定，用人单位未按规定提出工伤认定申请的，____________可以直接向有关部门提出工伤认定申请。 如果企业不按规定时限提交工伤认定申请，在此期间发生符合本条例规定的工伤待遇等有关费用由____________负担。

续表

分析内容

3. 工伤认定的程序是怎样的？

4. 李某描述了事故经过，认为自己的行为符合工伤认定条件。物业公司认为李某不是工伤，因为李某是在工作场所外的公路上受伤的，且没有证物、证人证明事情发生的经过。市政府为什么维持原判？

《工伤保险条例》规定，职工或者其近亲属认为是工伤，用人单位不认为是工伤的，由__________承担举证责任。

5. 李某被认定为工伤后，应该获取的赔偿包括哪几项，各项赔偿金额为多少？其中属于工伤保险基金支付的有多少？属于所在单位支付的有多少？

（1）李某获取的工伤保险赔偿情况

项　目	支付金额	金额来源

（2）属于工伤保险基金支付的金额为：

属于用人单位支付的金额为：

9 安全管理体系

“协调”一词最早出自冯梦龙《东周列国志》第四十七回：“凤声与箫声，唱和如一，宫商协调，喤喤盈耳。”意思是使配合得适当。安全生产工作需要综合运用安全计划管理、安全组织管理、安全领导管理等职能方法和事故预防、应急措施、风险转移等安全措施。这些方法和措施如何协调、科学、规范地运行呢？体系化、现代化的安全管理模式应运而生，比如职业安全健康管理体系、安全生产标准化体系、风险预控体系等。

【学习目标】

1. 了解职业健康安全管理体系的发展历程。
2. 理解职业健康安全管理体系的含义。
3. 熟悉《职业健康安全管理体系　要求及适用指南》的相关要求。
4. 了解安全生产标准化的发展历程。
5. 理解安全生产标准化的含义。
6. 熟练掌握安全生产标准化定级管理的相关规定。
7. 熟练掌握安全生产标准化的建设流程。

【思维导图】

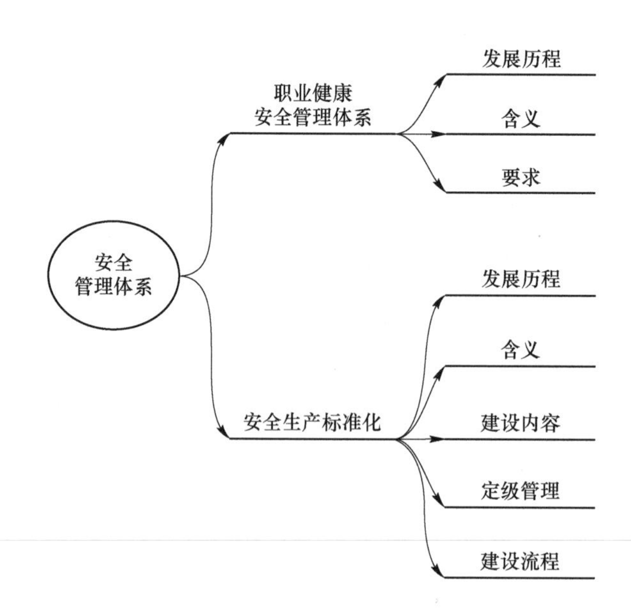

9.1 职业健康安全管理体系

PPT资源：
9.1 职业健康安全管理体系

职业健康安全管理体系是20世纪80年代后期在国际上兴起的现代安全生产管理模式，与质量管理体系和环境管理体系等一样被称为后工业化时代的管理方法。职业健康安全管理体系是管理标准化的标志，是安全管理的一个重要进展和现代企业管理的组成部分。

9.1.1 职业健康安全管理体系的发展历程

9.1.1.1 国外职业健康安全管理体系的发展历程

20世纪，特别是在第二次世界大战后，但随着经济的发展，生产安全问题越发凸显出来。根据世界劳工组织（ILO）统计，每天有超过6300人因工死亡，这意味着每年约有230多万员工因工死亡。另外，有3亿多人在工作中很可能会遇到其他非致命性的事故。这些不仅给员工及其家庭造成了严重的影响，还极大地增加了企业的负担。20世纪80年代后期，一些跨国公司和大型现代化联合企业，为强化自己的社会关注力和控制损失的需要，开始建立自律性的职业健康与环境保护的管理制度。

后来，美欧等西方发达国家提出，各国职业健康安全管理的差异使发达国家在成本、价格和贸易竞争等方面处于不利的地位，他们认为，这主要是由于发展中国家在劳动条件改善方面投入较少而使其生产成本降低所造成的，他们开始采取协调一致的行动对发展中国家施加压力和采取限制行为。北美和欧洲都已经在自由贸易区协议中规定：只有采取同一职业健康安全标准的国家与地区才能参加贸易区的国际贸易活动，以期共同对抗降低劳动保护投入作为贸易竞争手段的国家和地区，以及那些职业健康安全条件较差而不采取措施改进的国家和地区，形成一种新的贸易壁垒。世界经济贸易活动的发展，促使企业的活动、产品或服务中所涉及的职业健康安全问题受到普遍关注，极大地促进了国际职业安全与卫生管理体系标准化的发展。

1996年9月，英国率先颁布了BS8800《职业安全与卫生管理体系指南》标准。随后，美国、澳大利亚、日本、挪威等20余个国家也有相应的职业安全与卫生管理体系标准，发展十分迅速。为此，英国标准协会（BSI）、挪威船级社（DNV）等13个组织于1999年共同制定了职业安全与卫生（Occupational Health and Safety Management Systems-Specification，OHSAS）评价系列标准，即OHSAS18001《职业安全与卫生管理体系-规范》和OHSAS18002《职业安全与卫生管理体系-OHSAS18001实施指南》。2007年，43个组织又共同修订了OHSAS18001，使其与ISO 9001和ISO 14001标准的语言和架构得到进一步融合。不少国家将OHSAS18001标准作为企业实施职业安全与卫生管理体系的标准，成为继实施ISO 9000、ISO 14000国际标准之后的又一个热点。

国际标准化组织（ISO）多次提议制定相关国际标准。1995年ISO正式开展职业健康安全管理体系标准化工作，但各国家及ILO、WHO之间的分歧比较大，1997年ISO决定暂时不在职业健康安全管理体系领域开展工作。2013年6月20日，ISO技术管理局根据成员组织的投票结果决定，再次启动标准制定，用于取代OHSAS18001标准。2018年3月12日国际标准化组织（ISO）颁布了职业健康与安全新标准—ISO 45001：2018标准。ISO 45001 的发布为全球提供了一个统一的职业健康安全管理体系标准，基于一个全新的框架指导组织识别和降低职业健康安全的风险及与组织的业务过程融合，从而进一步保护劳动者，并有效降低组织的潜在风险。借助对 ISO 标准的认可程度，组织可获得更高的可信度。也使得职业健康安全管理体系更容易与其他管理体系（如 EMS、QMS、ISMS 等）相整合。

9.1.1.2 我国职业健康安全管理体系的发展历程

我国作为国际标准化组织（ISO）的正式成员国，在职业健康安全管理体系标准化问题提出之时就十分重视。1996 年派职业安全健康代表参加了职业安全健康国际研讨会，随后在国内开展了这项工作。1997 年中国石油天然气总公司首先制定了《石油天然气工业健康、安全与环境管理体系》《石油地震队健康、安全与环境管理规范》《石油钻井健康、安全与环境管理体系指南》三个行业标准。1998 年中国劳动保护科学技术学会提出了《职业安全健康管理体系规范及使用指南》(CSSTLP1001：1998)。1999 年 10 月国家经贸委正式颁布了《职业安全卫生管理体系试行标准》，这是国内第一个有关职业安全健康管理体系的国家标准。

2000 年 7 月，国家经贸委发文成立了全国职业安全卫生管理体系认证指导委员会、全国职业安全卫生管理体系认证机构认可委员会和全国职业安全卫生管理体系审核员注册委员会，为推动我国职业安全健康管理体系工作的进展，提供了组织和机制上的保障。

2001 年 11 月 12 日，国家质量监督检验检疫总局发布了国家标准 GB/T 28001：2001《职业健康安全管理体系规范》。同年 12 月发布了国家标准 GB/T 28001：2011《职业健康安全管理体系要求》，代替了 GB/T 28001：2001。2020 年 3 月，国家质量监督检验检疫总局和中国国家标准化管理委员会联合发布国家标准 GB/T 45001：2020 idt ISO 45001：2018《职业健康安全管理体系 要求及适用指南》，代替了 GB/T 28001：2011 和 GB/T 28002：2011。标准 GB/T 45001：2020 idt ISO 45001：2018 的含义如图 9-1 所示，使用该标准等同采用 ISO 45001：2018《职业健康安全管理体系 要求及使用指南》(英文版)。为此，这里我们重点介绍国家标准 GB/T 45001：2020 idt ISO 45001：2018 的相关内容。

9.1.2 职业健康安全管理体系的含义

职业健康安全管理体系旨在为管理职业健康安全风险和机遇提供一个框架，从而为工作人员提供健康安全的工作场所，防止对工作人员造成与工作相关的伤害和健康损害，持续改进企业职业健康安全绩效。

职业健康安全管理体系的建设采用“PDCA”动态管理理念，即采用“策划、实施、检查、改进”动态循环的模式。PDCA 应用于管理体系及其每个单独的要素（见图 9-1），具体如下：

（1）策划（P：Plan）：确定和评价职业健康安全风险、职业健康安全机遇以及其他风险和其他机遇，制定职业健康安全目标并建立所需的过程，以实现与组织职业健康安全方针相一致的结果。

（2）实施（D：Do）：实施所策划的过程。

（3）检查（C：Check）：依据职业健康安全方针和目标，对活动和过程进行监视和测量，并报告结果。

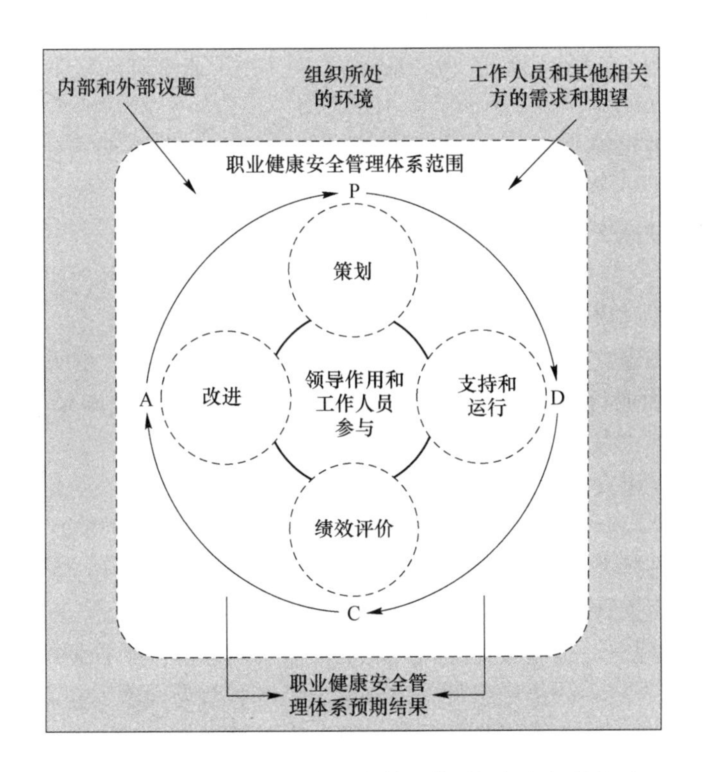

图 9-1　PDCA 与职业健康安全管理体系框架之间的关系

（4）改进（A：Act）：采取措施持续改进职业健康安全绩效，以实现预期结果。

9.1.3　职业健康安全管理体系的要求

国家标准 GB/T 45001：2020 idt ISO 45001：2018《职业健康安全管理体系　要求及适用指南》不提供职业健康安全管理体系的设计规范，但包含了组织可用于实施职业健康安全管理体系和开展符合性评价的要求。只有标准的所有要求均被企业职业健康安全管理体系包含并全部被满足，有关符合本标准的声明才被认可。标准的要求主要包括。

9.1.3.1　企业所处的环境

（1）企业应确定与其相关并影响其实现职业健康安全管理体系预期结果的能力的内部和外部议题。

（2）企业应理解工作人员和其他相关方的需求和期望。企业应确定：1）除工作人员之外的、与职业健康安全管理体系有关的其他相关方；2）工作人员及其他相关方的有关需求和期望；3）这些需求和期望中哪些是或将可能成为法律法规要求和其他要求。

（3）企业应确定职业健康安全管理体系的范围。企业应在考虑内外部议题、工作人员和其他相关方需求、计划实施的与工作相关的活动的基础上，界定职业健康安全管理体系的边界和适用性，以确定其范围。

（4）企业应按照标准要求建立、实施、保持和持续改进职业健康安全管理体系，包括所需的过程及其相互作用。

9.1.3.2 领导作用和工作人员参与

(1) 领导作用和承诺。最高管理者应通过以下方式证实其在职业健康安全管理体系方面的领导作用和承诺:

1) 对防止与工作相关的伤害和健康损害以及提供健康安全的工作场所和活动全面负责并承担责任;

2) 确保职业健康安全方针和相关职业健康安全目标得以建立,并与组织战略方向相一致;

3) 确保将职业健康安全管理体系要求融入组织业务过程之中;

4) 确保可获得建立、实施、保持和改进职业健康安全管理体系所需的资源;

5) 就有效的职业健康安全管理和符合职业健康安全管理体系要求的重要性进行沟通;

6) 确保职业健康安全管理体系实现其预期结果;

7) 指导并支持人员为职业健康安全管理体系的有效性做出贡献;

8) 确保并促进持续改进;

9) 支持其他相关管理人员证实在其职责范围内的领导作用;

10) 在组织内建立、引导和促进支持职业健康安全管理体系预期结果的文化;

11) 保护工作人员不因报告事件、危险源、风险和机遇而遭受报复;

12) 确保组织建立和实施工作人员的协商和参与的过程;

13) 支持健康安全委员会的建立和运行。

(2) 职业健康安全方针。最高管理者应建立、实施并保持职业健康安全方针。职业健康安全方针应:

1) 包括为防止与工作相关的伤害和健康损害而提供安全和健康的工作条件的承诺,并适合于组织的宗旨和规模、组织所处的环境,以及组织的职业健康安全风险和职业健康安全机遇的特性;

2) 为制定职业健康安全目标提供框架;

3) 包括满足法律法规要求和其他要求的承诺;

4) 包括消除危险源和降低职业健康安全风险的承诺;

5) 包括持续改进职业健康安全管理体系的承诺;

6) 包括工作人员及其代表(若有)的协商和参与的承诺。

职业健康安全方针应:作为文件化信息而可被获取;在组织内予以沟通;在适当时可为相关方所获取;保持相关和适宜。

(3) 组织的角色、职责和权限。最高管理者应确保将职业健康安全管理体系内相关角色的职责和权限分配到组织内各层次并予以沟通,且作为文件化信息予以保持。组织内每一层次的工作人员均应为其所控制部分承担职业健康安全管理体系方面的职责。

(4) 工作人员的协商和参与。组织应建立、实施和保持过程,用于在职业健康安全管理体系的开发、策划、实施、绩效评价和改进措施中与所有适用层次和职能的工作人员及其代表(若有)的协商和参与。

组织应:

1) 为协商和参与提供必要的机制、时间、培训和资源;

2）及时提供对明确的、易理解的和相关的职业健康安全管理体系信息的访问渠道；

3）确定和消除妨碍参与的障碍或壁垒，并尽可能减少那些难以消除的障碍或壁垒；

4）强调与非管理类工作人员在如下方面的协商：确定相关方的需求和期望；建立职业健康安全方针；适用时，分配组织的角色、职责和权限；确定如何满足法律法规要求和其他要求；制定职业健康安全目标并为其实现进行策划；确定对外包、采购和承包方的适用控制；确定所需监视、测量和评价的内容。

9.1.3.3 策划

组织策划的内容主要包括：应对风险和机遇的措施、职业健康安全目标及其实现的策划两部分。

（1）应对风险和机遇的措施。组织应考虑自身所处的环境、相关方所提及的要求和职业健康安全管理体系范围，确定所需应对的风险和机遇，以确保职业健康安全管理体系实现预期结果，防止或减少不期望的影响，实现持续改进。

在确定所需应对的与职业健康安全管理体系及其预期结果有关的风险和机遇时，组织必须考虑：危险源、职业健康安全风险和其他风险、职业健康安全机遇和其他机遇、法律法规要求和其他要求。

（2）职业健康安全目标及其实现的策划。组织应在相关职能和层次上制定职业健康安全目标，以保持和持续改进职业健康安全管理体系和职业健康安全绩效。

职业健康安全目标应：与职业健康安全方针一致；可测量（可行时），或能够进行绩效评价；必须考虑：适用的要求，风险和机遇的评价结果，与工作人员及其代表（若有）协商的结果；得到监视；予以沟通；在适当时予以更新。

在策划如何实现职业健康安全目标时，组织应确定：1）要做什么；2）需要什么资源；3）由谁负责；4）何时完成；5）如何评价结果，包括用于监视的参数；6）如何将实现职业健康安全目标的措施融入其业务过程。

组织应保持和保留职业健康安全目标和实现职业健康安全目标的策划的文件化信息。

9.1.3.4 支持

（1）资源。组织应确定并提供建立、实施、保持和持续改进职业健康安全管理体系所需的资源。

（2）能力。组织应确定影响或可能影响其职业健康安全绩效的工作人员所必须具备的能力；基于适当的教育、培训或经历，确保工作人员具备胜任工作的能力（包括具备辨识危险源的能力）；在适用时，采取措施以获得和保持所必需的能力，并评价所采取措施的有效性；保留适当的文件化信息作为能力证据。

（3）意识。工作人员应意识到：职业健康安全方针和职业健康安全目标；其对职业健康安全管理体系有效性的贡献作用，包括提升职业健康安全绩效的益处；不符合职业健康安全管理体系要求的影响和潜在后果；与其相关的事件和调查结果；与其相关的危险源、职业健康安全风险和所确定的措施；从其所认为的存在急迫且严重危及其生命或健康的工作状况中逃离的能力，以及为保护其免遭由此而产生的不当后果所做出的安排。

（4）沟通。组织应建立、实施并保持与职业健康安全管理体系有关的内外部沟通所需的过程，包括确定：沟通什么；何时沟通；与谁沟通；如何沟通。

对于内部沟通，组织应：1）就职业健康安全管理体系的相关信息在其不同层次和职能之间进行内部沟通，适当时还包括职业健康安全管理体系的变更；2）确保其沟通过程能够使工作人员为持续改进做出贡献。

对于外部沟通，组织应按其所建立的沟通过程就职业健康安全管理体系的相关信息进行外部沟通，并必须考虑法律法规要求和其他要求。

9.1.3.5 文件化信息

组织的职业健康安全管理体系应包括：标准要求的文件化信息；组织确定的实现职业健康安全管理体系有效性所必需的文件化信息；

创建和更新文件化信息时，组织应确保适当的：标识和说明（如标题、日期、作者或文件编号）；形式（如语言文字、软件版本、图表）与载体（如纸质载体、电子载体）；评审和批准，以确保适宜性和充分性。

职业健康安全管理体系和本标准所要求的文件化信息应予以控制，以确保：在需要的场所和时间均可获得并适用；得到充分的保护（如防止失密、不当使用或完整性受损）。

组织应识别其所确定的、策划和运行职业健康安全管理体系所必需的、来自外部的文件化信息，适当时应对其予以控制。

9.1.3.6 运行

运行包括两部分：运行策划和控制、应急准备和响应。

（1）运行策划和控制。为了满足职业健康安全管理体系要求和实施所确定的措施，组织应建立过程准则；按照准则实施过程控制；保持和保留必要的文件化信息，确信过程已按策划得到实施；使工作适合于工作人员。

组织消除危险源和降低职业健康安全风险，应采用以下层级：消除危险源；用危险性低的过程、操作、材料或设备替代；采用工程控制和重新组织工作；采用管理控制，包括培训；使用适当的个体防护装备。

组织应建立过程，用于实施和控制所策划的、影响职业健康安全绩效的临时性和永久性变更。这些变更包括：新的产品、服务和过程，或对现有产品、服务和过程的变更；法律法规要求和其他要求的变更；有关危险源和职业健康安全风险的知识或信息的变更；知识和技术的发展。

组织应建立、实施和保持用于控制产品和服务采购的过程，以确保采购符合其职业健康安全管理体系。

（2）应急准备和响应。为了对所识别的潜在紧急情况进行应急准备并做出响应，组织应建立、实施和保持所需的过程，包括：

1）针对紧急情况建立所策划的响应，包括提供急救；

2）为所策划的响应提供培训；

3）定期测试和演练所策划的响应能力；

4）评价绩效，必要时（包括在测试之后，尤其是在紧急情况发生之后）修订所策划的响应；

5）与所有工作人员沟通并提供与其义务和职责有关的信息；

6）与承包方、访问者、应急响应服务机构、政府部门、当地社区（适当时）沟通相关信息；

7）必须考虑所有有关相关方的需求和能力，适当时确保其参与制定所策划的响应。组织应保持和保留关于响应潜在紧急情况的过程和计划的文件化信息。

9.1.3.7 绩效评价

（1）监视、测量、分析和评价绩效。组织应建立、实施和保持用于监视、测量、分析和评价绩效的过程。组织应确定：需要监视和测量的内容；适用时，为确保结果有效而所采用的监视、测量、分析和评价绩效的方法；组织评价其职业健康安全绩效所依据的准则；何时应实施监视和测量；何时应分析、评价和沟通监视和测量的结果。

（2）内部审核。组织应按策划的时间间隔实施内部审核。

（3）管理评审。最高管理者应按策划的时间间隔对组织的职业健康安全管理体系进行评审，以确保其持续的适宜性、充分性和有效性。

9.1.3.8 改进

组织应确定改进的机会，并实施必要的措施，以实现其职业健康安全管理体系的预期结果。

（1）事件、不符合和纠正措施。组织应建立、实施和保持包括报告、调查和采取措施在内的过程，以确定和管理事件和不符合。当事件或不符合发生时，组织应：及时对事件和不符合做出反应；在工作人员的参与和其他相关方的参加下，通过下列活动，评价是否采取纠正措施，以消除导致事件或不符合的根本原因，防止事件或不符合再次发生或在其他场合发生；在适当时，对现有的职业健康安全风险和其他风险的评价进行评审；按照控制层级和变更管理，确定并实施任何所需的措施，包括纠正措施；在采取措施前，评价与新的或变化的危险源相关的职业健康安全风险；评审任何所采取措施的有效性，包括纠正措施；在必要时，变更职业健康安全管理体系。

（2）持续改进。组织应通过下列方式持续改进职业健康安全管理体系的适宜性、充分性与有效性：

1）提升职业健康安全绩效；

2）促进支持职业健康安全管理体系的文化；

3）促进工作人员参与职业健康安全管理体系持续改进措施的实施；

4）就有关持续改进的结果与工作人员及其代表（若有）进行沟通；

5）保持和保留文件化信息作为持续改进的证据。

9.2 安全生产标准化

视频资源：9.2 安全生产标准化

职业安全健康管理体系是在国际上兴起的现代安全生产管理模式，最早由国际标准化组织提出。安全生产标准化是一种由我国提出并发展起来的安全管理体系。

9.2.1 安全生产标准化的发展历程

安全生产标准化工作自20世纪80年代首先由煤炭行业提出以来，大体可划分为行业试点、逐步规范、全面推进、全面提升四个阶段。

9.2.1.1 行业试点阶段（20 世纪 80 年代～2003 年）

20 世纪 80 年代初期，为了加强煤炭行业安全生产管理，煤炭工业部于 1986 年在全国煤矿开展“质量标准化、安全创水平”活动，目的是通过质量标准化促进安全生产。此后，有色、建材、电力、黄金等多个行业也相继开展了质量标准化创建活动，提高了企业安全生产水平。

2003 年 10 月 16 日，国家煤矿安全监监察局、中国煤炭工业协会在黑龙江省七台河市召开了全国煤矿安全质量标准化现场会，提出了新形势下煤矿安全质量标准化的内容，会后联合印发《关于在全国煤矿深入开展安全质量标准化活动的指导意见》(煤安监办字［2003］96 号)，明确提出了“煤矿安全质量标准化”这一概念，并对推进全国煤矿安全质量标准化工作作出总体部署。

9.2.1.2 逐步规范阶段（2004～2010 年）

2004 年 1 月，国务院印发了《关于进一步加强安全生产工作的决定》，作出了在全国开展安全质量标准化活动的部署。国家安全监管局印发了《关于开展安全质量标准化活动的指导意见》(安监管政法字〔2004〕62 号)，对煤矿、非煤矿山、危险化学品、交通运输、建筑施工等重点行业和领域开展安全质量标准化工作提出了具体要求。随后，除煤炭行业强调煤矿安全生产状况与质量管理相结合外，其他多数行业逐步弱化了质量的内容，提出了安全生产标准化的概念。

2010 年 4 月 15 日，国家安全监管总局发布《企业安全生产标准化基本规范》(AQ/T 9006)，对安全生产标准化进行定义，并对目标、组织机构和职责、安全生产投入、法律法规与安全管理制度、教育培训、生产设备设施、作业安全、隐患排查和治理、重大危险源监控、职业健康、应急救援、事故报告调查和处理、绩效评定和持续改进共 13 个方面的核心要求作了具体内容规定。《企业安全生产标准化基本规范》(AQ/T 9006) 的出台，标志着我国安全生产标准化建设工作进入了一个规范发展时期。

2010 年 7 月，国务院印发《关于进一步加强企业安全生产工作的通知》，提出要深入开展以岗位达标、专业达标和企业达标为内容的安全生产标准化建设，安全生产监管监察部门、负有安全生产监管职责的有关部门和行业管理部门要按照职责分工，对当地企业包括中央、省属企业实行严格的安全生产监督检查和管理组织对企业安全生产状况进行安全标准化分级考核评价，评价结果向社会公开。

9.2.1.3 全面推进阶段（2011～2016 年）

2011 年 3 月 2 日，国务院办公厅印发《关于继续深化“安全生产年”活动的通知》(国办发〔2011〕11 号)，要求有序推进企业安全标准化达标升级，在工矿商贸和交通运输企业广泛开展以“企业达标升级”为主要内容的安全生产标准化创建活动，着力推进岗位达标、专业达标和企业达标。并要求各有关部门要加快制定完善有关标准，分类指导，分步实施，促进企业安全基础不断强化。

2011 年 5 月，国务院安委会为落实《关于进一步加强企业安全生产工作的通知》和《关于继续深化“安全生产年”活动的通知》两个文件精神，全面推进企业安全生产标准化建设，印发《国务院安委会关于深入开展企业安全生产标准化建设的指导意见》(安委〔2011〕4 号)，明确要求在工矿商贸和交通运输行业（领域）深入开展安全生产标准化建设，重点突出煤矿、非煤矿山、交通运输、建筑施工、危险化学品、烟花爆竹、民用爆炸物品、冶金等行业（领域）。并提出煤矿要在2011年底前，危险化学品、烟花爆竹企业要在2012年底前，非煤矿山和冶金、机械等工贸行业（领域）规模以上企业要在2013年底前，冶金、机械等工贸行业（领域）规模以下企业要在2015年前实现达标的目标任务。随后国务院安委会办公室发布《国务院安委会办公室关于深入开展全国冶金等工贸企业安全生产标准化建设的实施意见》(安委办〔2011〕18号)，进一步明确了工作目标、安全生产标准化建设的主要途径以及保障措施。随后国家安全监管总局印发冶金等工贸企业安全生产标准化考评办法以及多个评定标准化。

2011年11月，国务院印发《国务院关于坚持科学发展安全发展促进安全生产形势持续稳定好转的意见》，进一步加强了安全生产标准化工作的推进力度，明确要求推进安全生产标准化建设。在工矿商贸和交通运输行业领域普遍开展岗位达标、专业达标和企业达标建设，对在规定期限内未实现达标的企业，要依据有关规定暂扣其生产许可证、安全生产许可证，责令停产整顿；对整改逾期仍未达标的，要依法予以关闭。

2012年2月，国务院办公厅印发《国务院办公厅关于继续深入扎实开展“安全生产年”活动的通知》(国办发〔2012〕14号)，再次对安全生产标准化工作提出要求，即“着力推进企业安全生产达标创建。加快制定和完善重点行业领域、重点企业安全生产的标准规范，以工矿商贸和交通运输行业领域为主攻方向，全面推进安全生产标准化达标工程建设。对一级企业要重点抓巩固、二级企业着力抓提升、三级企业督促抓改进，对不达标的企业要限期抓整顿，经整改仍不达标的要责令关闭退出，促进企业安全条件明显改善、管理水平明显提高”。

2013年1月，国家安全监管总局等部门下发《关于全面推进全国工贸行业企业安全生产标准化建设的意见》(安监总管四〔2013〕8号)。提出要进一步建立、健全工贸行业企业安全生产标准化建设政策法规体系，加强企业安全生产规范化管理，推进全员、全方位、全过程安全管理，努力实现企业安全管理标准化、作业现场标准化和操作过程标准化，2015年底前工业实现安全生产标准化达标，企业安全生产基础得到明显强化。

2014年6月，国家安全监管总局印发《企业安全生产标准化评审工作管理办法（试行)》(安监总办〔2014〕49号)，对非煤矿山、危险化学品、化工、医药、烟花爆竹、冶金、有色、建材、机械、轻工、纺织、烟草、商贸企业安全生产标准化的企业自评、评审程序、监督管理等工作进行系统规范。

2014年8月，新修订的《安全生产法》中，明确要求“生产经营单位必须遵守本法和其他有关安全生产的法律、法规，加强安全生产管理，建立、健全安全生产责任制和安全生产规章制度，改善安全生产条件，推进安全生产标准化建设，提高安全生产水平，确保安全生产”。自此，安全生产标准化建设工作以法律要求形式，成为一项我国各行各业进行生产必须开展的工作。

9.2.1.4 全面提升阶段（2017年至今）

2017年4月1日，国家标准《企业安全生产标准化基本规范》(GB/T 33000）正式实施。该标准由原国家安全监管总局提出，全国安全生产标准化技术委员会归口，中国安全生产协会负责起草。代替安全生产行业标准《企业安全生产标准化基本规范》(AQ/T 9006)。

近年来，国家高度重视企业安全生产标准化工作的推动、实施，在各级安全监管部门和相关行业管理部门的大力推动下，广大企业积极开展安全生产标准化创建工作。经不断探索与实践，企业安全生产标准化工作在增强安全发展理念、强化安全生产“红线”意识、夯实企业安全生产基础、推动落实企业安全生产主体责任、提升安全生产管理水平等方面发挥了重要作用，取得了显著成效。特别是2021年6月新修订的《安全生产法》将安全生产标准化建设写入生产经营单位主要负责人对本单位安全生产工作负有的职责中，成为衡量企业负责人是否履行安全生产主体责任的重要依据。

随着经济社会的不断发展和机构、政策的调整，应急管理部在深入研究的基础上，组织对《企业安全生产标准化评审工作管理办法（试行）》进行了修订完善，形成了《企业安全生产标准化建设定级办法》(应急〔2021〕83号)，于2021年10月27日印发。这对进一步规范企业开展安全生产标准化、建立并保持安全生产管理体系、全面管控生产经营活动各环节的安全生产工作、不断提升安全管理水平起到积极的促进作用。

9.2.2 安全生产标准化的含义

安全生产标准化是指通过建立安全生产责任制，制定安全管理制度和操作规程，排查治理隐患和监控重大危险源，建立预防机制，规范生产行为，使各生产环节符合有关安全生产法律法规和标准规范的要求，人、机、物、环处于良好的生产状态，并持续改进，不断加强企业安全生产规范化建设。

安全生产标准化体现了“安全第一、预防为主、综合治理”的方针和“以人为本”的科学发展观，强调企业安全生产工作的规范化、科学化、系统化和法制化，强化风险管理和过程控制，注重绩效管理和持续改进，符合安全管理的基本规律，代表了现代安全管理的发展方向，是先进安全管理思想与我国传统安全管理方法、企业具体实际的有机结合，有效提高企业安全生产水平，从而推动我国安全生产状况的根本好转。

安全生产标准化建设采用“PDCA”动态管理理念，即采用“策划、实施、检查、改进”动态循环的模式，要求企业结合自身特点，建立并保持安全生产标准化管理体系，实现以安全生产标准化为基础的企业安全生产管理体系有效运行；通过自我检查、自我纠正和自我完善，及时发现和解决安全生产问题，建立绩效持续改进的安全生产长效机制，不断提高安全生产水平。

9.2.3 安全生产标准化建设内容

9.2.3.1 主要内容

《企业安全生产标准化基本规范》(GB/T 33000）规定，安全生产标准化建设包括目标职责、制度化管理、教育培训、现场管理、安全风险管控及隐患排查治理、应急管理、事故查处、持续改进等8个一级要素，以及28个二级要素（见表9-1)，更加强调了落实企业领导层责任、全员参与、构建双重预防机制等安全管理核心要素，指导企业实现安全健康管理系统化、岗位操作行为规范化、设备设施本质安全化、作业环境器具定置化，并持续改进。

表 9-1 《企业安全生产标准化基本规范》要素

一级要素（8 个）	二级要素（28 个）	一级要素（8 个）	二级要素（28 个）
1. 目标职责	1.1 目标	4. 现场管理	4.3 职业健康
	1.2 机构和职责		4.4 警示标志
	1.3 全员参与	5. 安全风险管控及隐患排查治理	5.1 安全风险管理
	1.4 安全生产投入		5.2 重大危险源辨识与管理
	1.5 安全文化建设		5.3 隐患排查治理
	1.6 安全生产信息化建设		5.4 预测预警
2. 制度化管理	2.1 法规标准识别	6. 应急管理	6.1 应急准备
	2.2 规章制度		6.2 应急处置
	2.3 操作规程		6.3 应急评估
	2.4 文档管理	7. 事故管理	7.1 报告
3. 教育培训	3.1 教育培训管理		7.2 调查和处理
	3.2 人员教育培训		7.3 管理
4. 现场管理	4.1 设备设施管理	8. 持续改进	8.1 绩效评定
	4.2 作业安全		8.2 绩效改进

9.2.3.2 要素之间的关系

《企业安全生产标准化基本规范》(GB/T 33000) 详细规定了安全生产标准化建设中 8 个一级要素和 28 个二级要素的核心要求。这里我们重点梳理一级要素和二级要素之间的逻辑关系。

(1) 目标职责。目标是引领。企业根据自身安全生产实际，制定文件化的总体和年度安全生产与职业卫生目标，并纳入企业总体生产经营目标。并按照基层单位和部门在生产经营活动中所承担的职能，将目标分解为指标，确保落实。

目标由谁来实现呢？企业合理设定机构，根据目标划分各机构的任务，明确主要负责人、管理层的职责（1.2 机构和职责）；明确全员责任，鼓励全员参与（1.3 全员参与）。

目标的实现需要人、财、物、信息等资源的支撑。合理的安全生产投入（1.4 安全生产投入），保证安全生产费用的提取和使用，保证从业人员相关保险费用的缴纳。安全文化建设（1.5 安全文化建设），确立本企业的安全生产和职业病危害防治理念及行为准则，并教育、引导全体从业人员贯彻执行。安全生产信息化建设（1.6 安全生产信息化建设），利用信息化手段加强安全生产管理工作。

(2) 制度化管理。制度化管理包括 4 个二级要素：法规标准识别、规章制度、操作规程、文档管理。也就是企业要确定渠道和方式，识别和获取有效的法律法规、标准规范，然后根据企业情况，将适用的法律法规、标准规范转化为企业的规章制度；具体岗位再根据自己的情况建立健全操作规程。相关资料获取、转化、适用情况如何呢？企业要做好文件记录、评估工作，并根据评估结果持续修正。

(3) 教育培训。教育培训包含教育培训管理、人员教育培训 2 个二级要素。教育培训管理偏重制度建设，人员教育培训明确了企业不同人群的培训内容。

（4）现场管理。现场管理包括设备设施管理、作业安全、职业健康3个二级要素。其中，设备设施管理对设备设施的建设、验收、运行、维修、检验、报废进行全过程管理。作业安全通过对作业环境、作业条件、作业人员行为、相关方行为的标准化，保证作业现场的安全。职业健康旨在避免职业病，保证人员的身体健康。

（5）安全风险管控及隐患排查治理。安全风险管控及隐患排查治理包含安全风险管理、重大危险源辨识与管理、隐患排查治理、预测预警4个二级要素。风险难以完全消除，风险造成的后果严重程度又不同，针对后果可能严重的风险要重点关注，为此进行风险管理、重大危险源辨识与管理。隐患是可以消除的危险，为此进行排查治理。

（6）应急管理。应急管理包括应急准备、应急处置、应急评估等内容。这也是按照事故发生的过程设计的，事前进行应急准备，有备无患；事中进行应急处置，提高应急效率；事后对应急准备、应急处置情况进行评估，及时发现问题，持续改进。

（7）事故查处。事故查处包括报告、调查和处理、管理等内容。事故发生后，先要根据事故情况逐级向有关部门报告，然后由相应等级的事故调查组开展事故调查，为了“吸取经验，避免类似事故发生”和“惩前戒后”，还应做好事故材料的管理工作。

（8）持续改进。持续改进包括绩效评定、持续改进2个二级要素。需要强调的是企业每年至少应对安全生产标准化管理体系的运行情况进行一次自评，企业主要负责人应全面负责组织自评工作，并将自评结果向本企业所有部门、单位和从业人员通报。

企业应根据自评结果和安全生产预测预警系统所反映的趋势，以及绩效评定情况，客观分析企业安全生产标准化管理体系的运行质量，及时调整完善相关制度文件和过程管控，持续改进，不断提高安全生产绩效。

9.2.4 安全生产标准化定级管理

企业安全生产标准化达标等级分为一级企业、二级企业、三级企业，其中一级为最高。定级标准和具体要求按照行业分别确定。企业安全生产标准化定级实行分级负责。应急管理部为一级企业以及海洋石油全部等级企业的定级部门。省级和设区的市级应急管理部门分别为本行政区域内二级、三级企业的定级部门。定级部门通过政府购买服务方式确定从事安全生产相关工作的事业单位或者社会组织作为标准化定级组织单位和评审单位，负责受理和审核企业自评报告、监督现场评审过程和质量等具体工作，并向社会公布组织单位、评审单位名单。

9.2.4.1 定级程序

企业安全生产标准化定级按照自评、申请、评审、公示、公告的程序进行。

（1）自评。企业应自主开展安全生产标准化建设工作，成立由主要负责人任组长的自评工作组，对照相应定级标准开展自评，每年一次，形成自评报告在企业内部进行公示，及时整改发现的问题，持续改进安全绩效。

（2）申请。申请定级的企业，依拟申请的等级向相应组织单位提交自评报告。组织单位收到企业自评报告后，对自评报告内容存在问题的，告知企业需要补正的全部内容。符合申请条件的，将审核意见和企业自评报告报送定级部门，并书面告知企业；对不符合的，书面告知企业并说明理由。审核、报送和告知工作应在10个工作日内完成。

某企业的董事长赵某常年在海外，企业日常运营由副总经理周某负责，安全的工作由吴某全面负责，配备了两名注册安全工程师张某和李某，该企业非常重视本企业的安全，从未发生过生产安全事故。经过领导层决定，决定自评，成立自评工作组，自评组的组长由谁来担任呢？

□赵某　　　☑周某　　　□吴某

说明：企业成立自评工作组由主要负责人任组长。

生产经营单位的主要负责人是指对本单位生产经营负全面责任，有生产经营决策权的人员。

该企业董事长常年在海外，企业实际决策者是周某。

（3）评审。定级部门对组织单位报送的审核意见和企业自评报告进行确认后，由组织单位通知负责现场评审的单位成立现场评审组在20个工作日内完成现场评审，形成现场评审报告，初步确定企业是否达到拟申请的等级，书面告知企业。企业收到现场评审报告后，应当在20个工作日内完成不符合项整改工作，并将整改情况报告现场评审组。现场评审组应指导企业做好整改工作，并在收到企业整改情况报告后10个工作日内采取书面检查或者现场复核的方式，确认整改是否合格，书面告知企业和组织单位。企业未在规定期限内完成整改的，视为整改不合格。

（4）公示。组织单位将确认整改合格、符合相应定级标准的企业名单定期报送相应定级部门；定级部门确认后，在本级政府或者本部门网站向社会公示，接受社会监督，公示时间不少于7个工作日。公示期间，收到企业存在不符合定级标准以及其他相关要求问题反映的，由定级部门组织核实。

（5）公告。对公示无异议或者经核实不存在所反映问题的定级企业，由定级部门确认定级等级，予以公告，并抄送同级工业和信息化、人力资源社会保障、国有资产监督管理、市场监督管理等部门和工会组织，以及相应银行保险和证券监督管理机构。对未予公告的企业，由定级部门书面告知其未通过定级，并说明理由。

9.2.4.2　定级条件

申请定级的企业应当在自评报告中，由其主要负责人承诺符合以下条件：

（1）依法应当具备的证照齐全有效。

（2）依法设置安全生产管理机构或者配备安全生产管理人员。

（3）主要负责人、安全生产管理人员、特种作业人员依法持证上岗。

（4）申请定级之日前1年内，未发生死亡、总计3人及以上重伤或者直接经济损失总计100万元及以上的生产安全事故。

（5）未发生造成重大社会不良影响的事件。

（6）未被列入安全生产失信惩戒名单。

（7）前次申请定级被告知未通过之日起满1年。

（8）被撤销安全生产标准化等级之日起满1年。

（9）全面开展隐患排查治理，发现的重大隐患已完成整改。

申请一级定级的企业，还应当承诺符合以下条件：

（1）从未发生过特别重大生产安全事故，且申请定级之日前5年内未发生过重大生产安全事故、前2年内未发生过生产安全死亡事故。

（2）按照《企业职工伤亡事故分类》(GB 6441—86)、《事故伤害损失工作日标准》(GB/T 15499)，统计分析年度事故起数、伤亡人数、损失工作日、千人死亡率、千人重伤率、伤害频率、伤害严重率等，并自前次取得安全生产标准化等级以来逐年下降或者持平。

（3）曾被定级为一级，或者被定级为二级、三级并有效运行3年以上。

发现企业存在承诺不实的，定级相关工作即行终止，3年内不再受理该企业安全生产标准化定级申请。

9.2.4.3 期满定级申请

企业安全生产标准化等级有效期为3年。已经取得安全生产标准化等级的企业，可以在有效期届满前3个月再次按照安全生产标准化定级程序申请定级。对再次申请原等级的企业，在安全生产标准化等级有效期内符合以下条件的，经定级部门确认后，直接予以公示和公告。

（1）未发生生产安全死亡事故。

（2）一级企业未发生总计重伤3人以上或者直接经济损失总计100万元及以上的生产安全事故，二级、三级企业未发生总计重伤5人及以上或者直接经济损失总计500万元及以上的生产安全事故。

（3）未发生造成重大社会不良影响的事件。

（4）法律、法、规章、标准及所属行业定级相关标准作重大修订。

（5）生产工艺、设备、产品、原辅材料等无重大变化，无新建、改建、扩建工程项目。

（6）按照规定开展自评并提交自评报告。

9.2.4.4 定级等级撤销

取得安全生产标准化定级的企业，在证书有效期内发生下列行为之一的，由原定级部门撤销其等级并予以公告，同时抄送同级工业和信息化、人力资源社会保障、国有资产监督管理、市场监督管理等部门和工会组织，以及相应银行保险和证券监督管理机构。

（1）发生生产安全死亡事故的。

（2）连续12个月内计重伤3人以上或者直接经济损失总计100万元以上的生产安全事故的。

（3）发生造成重大社会不良影响事件的。

（4）瞒报、谎报、迟报、漏报生产安全事故的。

（5）被列入安全生产失信惩戒名单的。

（6）提供虚假材料，或者以其他不正当手段取得安全生产标准化等级的。

（7）行政许可证照注销、吊销、撤销的，或者不再从事相关行业生产经营活动的。

（8）存在重大生产安全事故隐患，未在规定期限内完成整改的。

（9）未按照安全生产标准化管理体系持续、有效运行，情节严重的。

9.2.4.5 激励和监督保障措施

企业安全生产标准化建设情况将作为应急管理部门和有关部门分类分级监管的重要依

据，对不同等级的企业实施差异化监管。

（1）对安全生产标准化一级企业，减少执法检查频次，不纳入政策性限产、停产范围，优先办理复工复产验收。

（2）加大对安全生产标准化等级企业在工伤保险费、安全生产责任保险、信贷信用等级评定、评先创优和安全文化示范企业创建等方面的支持力度。

（3）各级定级部门加强对定级组织单位、评审单位工作过程和质量进行监督，发现现场评审报告质量低、现场评审把关不严、收取企业费用、出具虚假报告等行为依法依规严肃处理。

（4）企业安全生产标准化定级各环节相关工作通过应急管理部企业安全生产标准化信息管理系统进行。

9.2.5 企业安全生产标准化建设流程

企业安全生产标准化建设流程包括策划准备及制定目标、教育培训、现状梳理、管理文件制修订、实施运行及整改、企业自评、评审申请、现场评审等阶段。

（1）策划准备及制定目标。策划准备阶段首先要成立领导小组，由企业主要负责人担任领导小组组长，所有相关的职能部门的主要负责人作为成员，确保安全生产标准化建设组织保障；成立执行小组，由各部门负责人、工作人员共同组成，负责安全生产标准化建设过程中的具体问题。

制定安全生产标准化建设目标，并根据目标来制定推进方案，分解落实达标建设责任，确保各部门在安全生产标准化建设过程中任务分工明确，顺利完成各阶段工作目标。

（2）教育培训。安全生产标准化建设需要全员参与。教育培训首先要解决企业领导层对安全生产标准化建设工作重要性的认识，加强其对安全生产标准化工作的理解，从而使企业领导层重视该项工作，加大推动力度，监督检查执行进度；其次要解决执行部门、人员操作的问题培训评定标准的具体条款要求是什么，本部门、本岗位、相关人员应该做哪些工作，如将安全生产标准化建设和企业日常安全管理工作相结合。

同时，要加大安全生产标准化工作的宣传力度，充分利用企业内部资源广泛宣传安全生产标准化的相关文件和知识，加强全员参与度，解决安全生产标准化建设的思想认识和关键问题。

（3）现状梳理。对照相应专业评定标准（或评分细则），对企业各职能部门及下属各单位安全管理情况、现场设备设施状况进行现状摸底，摸清各单位存在的问题和缺陷；对发现的问题，定责任部门、定措施、定时间、定资金，及时进行整改并验证整改效果。现状摸底的结果作为企业安全生产标准化建设各阶段进度任务的针对性依据。

企业要根据自身经营规模、行业地位、工艺特点及现状摸底结果等因素及时调整达标目标，注重建设过程真实有效可靠，不可盲目一味追求达标等级。

（4）管理文件制修订。安全生产标准化对安全管理制度、操作规程等的要求，核心在其内容的符合性和有效性，而不是对其名称和格式的要求。企业要对照评定标准，对主要安全管理文件进行梳理，结合现状摸底所发现的问题，准确判断管理文件亟待加强和改进的薄弱环节，提出有关文件的制修订计划；以各部门为主，自行对相关文件进行制修订，由标准化执行小组对管理文件进行把关。

（5）实施运行及整改。根据制修订后的安全管理文件，企业要在日常工作中进行实际运行。根据运行情况，对照评定标准的条款，按照有关程序，将发现的问题及时进行整改及完善。

（6）企业自评。企业在安全生产标准化系统运行一段时间后，依据评定标准，由标准化执行小组组织相关人员，开展自主评定工作。

企业对自主评定中发现的问题进行整改，整改完毕后，着手准备安全生产标准化评审申请材料。

（7）评审申请。企业要通过应急管理部企业安全生产标准化信息管理系统完成评审申请工作。企业在自评材料中，应当将每项考评内容的得分及扣分原因进行详细描述，要通过申请材料反的企业工艺及安全管理情况；根据自评结果确定拟申请的等级，按相关规定到属地或上级安全监管部门办理外部评审推荐手续后，正式向相应的评审组织单位（承担评审组织职能的有关部门）递交评审申请。

（8）现场评审。接受企业自评报告的组织单位对自评报告审核后，将审核意见和企业自评报告一并报送定级部门，在接到定级部门确认的意见后，通知负责现场评审的单位完成现场评审工作。企业应对评审报告中列举的全部问题，形成整改计划，及时进行整改，并配合评审单位上报有关评审材料。

习　题

PDF 资源：
第 9 章习题答案

一、单选题

1. ISO 正式开展职业健康安全管理体系标准化工作，是在（　　）年上半年。
   A. 2005　　B. 2020　　C. 2015　　D. 1995
2. 实施符合 GB/T 45001—2020 标准的职业健康安全管理体系，能使组织管理其职业健康安全风险并提升其职业健康安全（　　）。
   A. 绩效　　B. 能力　　C. 技能　　D. 水平
3. 组织在评价职业健康安全风险和职业健康安全管理体系的其他风险时，根据 GB/T 45001—2020 标准内容，以下描述不正确的是（　　）。
   A. 组织使用的风险评价方法和准则无需确定，应灵活有效，与相应安全技术发展一致
   B. 评价与建立、实施、运行和保持职业健康安全管理体系相关的其他风险
   C. 评价来自已经辨识的危险源的健康安全风险
   D. 在评价组织自身危险源的职业健康安全风险时，必须考虑现有控制的有效性
4. 危险源辨识过程是识别危险源、事件，以及它们的起因和（　　）的过程。
   A. 间接结果　　B. 潜在后果
   C. 直接结果　　D. 直接结果
5. 下列关于安全生产标准化建设的说法中，正确的是（　　）。
   A. 安全生产标准化包含目标职责、制度化管理、教育培训、现场管理、安全风险管控及隐患排查治理、应急管理、事故调查和处理、持续改进 8 个方面
   B. 企业安全生产标准化遵循“PDCA”静态管理理念
   C. 企业应每两年评估一次安全生产和职业卫生法律法规、标准规范、规章制度、操作规程的适宜性、

有效性和执行情况

D. 安全生产标准化体现了“安全第一、预防为主、综合治理”的方针

6. 根据《企业安全生产标准化基本规范》(GB/T 33000)，下列关于开展安全标准化建设的重点内容的表述，正确的是（　　）。

A. 企业安全生产标准化管理体系的运行情况，采用企业自评的方式进行评估

B. 生产经营单位应建立安全生产投入保障制度，完善和改进安全生产条件，按规定提取安全费用，专项用于安全生产，并建立安全费用台账

C. 生产经营单位应确定安全教育培训主管部门，按规定及岗位需要，定期识别安全教育培训需求，制订、实施安全教育培训计划，安全教育培训无须记录

D. 安全设备设施可随意拆除和挪用，也可以任意安装

7. 依据《企业安全生产标准化基本规范》(GB/T 33000）的规定，下列关于隐患排查治理的说法，正确的是（　　）。

A. 企业应建立隐患排查治理制度，逐级建立并落实从安全负责人到每位从业人员的隐患排查治理和防控责任制

B. 相关方排查出的隐患应由企业指定的相关方进行统一管理

C. 企业安全生产负责人应组织制定并实施重大隐患治理方案

D. 重大隐患治理完成后，企业应组织本企业的安全管理人员和有关技术人员进行验收或委托依法设立的为安全生产提供技术、管理服务的机构进行评估

8. 某企业非常重视本公司的作业安全以及从业人员的职业健康。依据相关的规定，该企业做法错误的是（　　）。

A. 该企业要求同一时间在厂内作业的两个以上的作业队伍签订了管理协议，明确了各自的责任，并派专人进行检查

B. 该企业将承包商、供应商等相关方的安全生产和职业卫生纳入企业内部管理

C. 该企业组织从业人员进行上岗前、在岗期间、特殊情况应急后和离岗时的职业健康检查

D. 该企业在有毒物品作业场所设置红色区域警示线、警示标志和中文警示说明

9. 2021 年 10 月，应急管理部印发《企业安全生产标准化建设定级办法》。根据该办法，以下关于企业安全生产标准化建设定级的说法中，错误的是（　　）。

A. 应急管理部为一级企业以及海洋石油全部等级企业的定级部门。省级和设区的市级应急管理部门分别为本行政区域内二级、三级企业的定级部门

B. 企业标准化定级按照自评、申请、评审、公示、公告的程序进行

C. 申请一级企业的，应满足从未发生过特别重大生产安全事故，且申请定级之日前 10 年内未发生过重大生产安全事故、前 5 年内未发生过生产安全死亡事故的条件

D. 应急管理部门日常监管执法工作中，发现企业存在瞒报、谎报、迟报、漏报生产安全事故的，应当立即告知并由原定级部门撤销其等级

10. 某企业完成了安全生产标准化的创建工作，其建设流程包括：①策划准备及制定目标；②教育培训；③现状梳理；④管理文件制修订；⑤实施运行及整改；⑥企业自评；⑦评审申请；⑧外部评审。下列排序中正确的是（　　）。

A. ①③④⑤②⑥⑦⑧　　B. ①③④②⑦⑥⑧⑤

C. ①②③④⑤⑥⑦⑧　　D. ①④③②⑥⑦⑧⑤

二、多选题

11. 职业健康安全管理体系的预期结果不包括（　　）。

A. 持续改进职业健康安全绩效

B. 满足顾客的要求和法律法规要求

C. 实现职业健康安全认证注册的目标

D. 制定职业健康安全方针和目标

12. 依据2017年4月1日实施的《企业安全生产标准化基本规范》(GB/T 33000)的内容，下列属于企业开展安全生产标准化工作基础的内容有（　　）。

A. 安全生产责任制　　B. 落实企业主体责任

C. 安全风险管理　　D. 隐患排查治理

E. 职业病危害防治

13. 安全生产标准化实行（　　）的方式，构建安全生产长效机制，持续提升安全生产绩效。

A. 自主评定　　B. 自我检查

C. 外部纠正　　D. 外部评审

E. 自主完善

14. 国务院安委会办公室在全国开展安全生产大检查活动，安全监督管理部门落实部署对一家化工企业检查，根据《企业安全生产标准化基本规范》(GB/T 33000)对外来人员进行安全教育培训的规定，进入作业现场前应进行的安全教育内容包括（　　）。

A. 可能接触到的危害因素　　B. 所从事作业的安全要求

C. 作业安全风险分析　　D. 安全控制措施

E. 应急知识

15. 安全生产标准化包含目标职责、制度化管理、教育培训、现场管理、安全风险管控及隐患排查治理、应急管理、事故管理、持续改进8个方面。下列关于现场管理的说法中，正确的是（　　）。

A. 对于年度综合检维修计划，应落实“五定”，即定检修方案、定检修人员、定安全措施、定监管人员、定检修进度原则

B. 检维修方案应包含作业风险分析、控制措施及应急处置措施

C. 企业应当建立危险作业安全管理制度，明确责任部门、人员、许可范围、审批程序、许可签发人员等

D. 在检维修现场的坑、井、渠、沟、陡坡等场所设置围栏或警示标志

E. 应在设备设施施工、吊装、检维修等作业现场设置警戒区域和警示标志

思 维 导 图

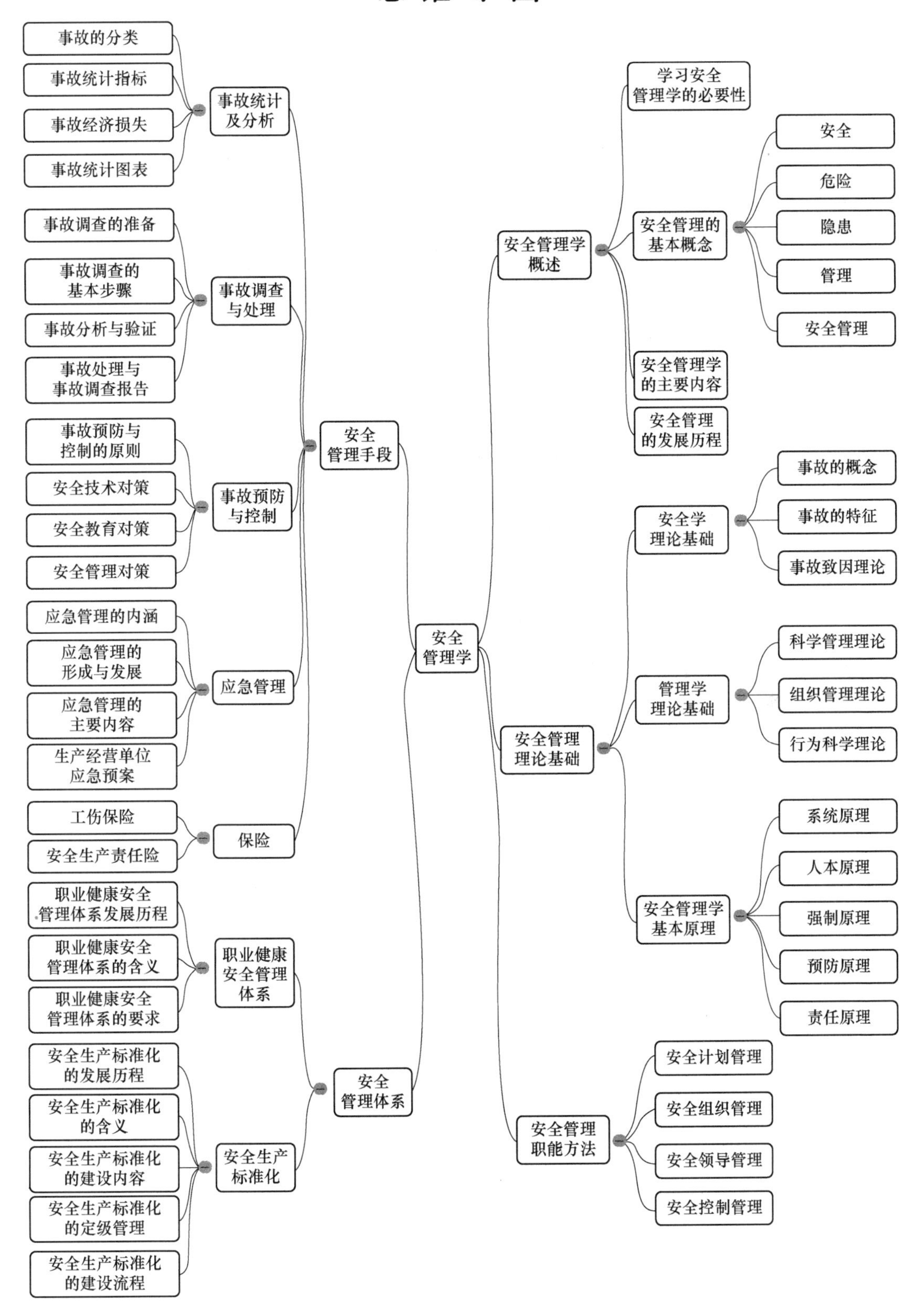
安全管理学
安全管理手段
事故统计及分析
事故的分类
事故统计指标
事故经济损失
事故统计图表
事故调查与处理
事故调查的准备
事故调查的基本步骤
事故分析与验证
事故处理与事故调查报告
事故预防与控制
事故预防与控制的原则
安全技术对策
安全教育对策
安全管理对策
应急管理
应急管理的内涵
应急管理的形成与发展
应急管理的主要内容
生产经营单位应急预案
保险
工伤保险
安全生产责任险
安全管理体系
职业健康安全管理体系
职业健康安全管理体系发展历程
职业健康安全管理体系的含义
职业健康安全管理体系的要求
安全生产标准化
安全生产标准化的发展历程
安全生产标准化的含义
安全生产标准化的建设内容
安全生产标准化的定级管理
安全生产标准化的建设流程
安全管理学概述
学习安全管理学的必要性
安全管理的基本概念
安全
危险
隐患
管理
安全管理
安全管理学的主要内容
安全管理的发展历程
安全管理理论基础
安全学理论基础
事故的概念
事故的特征
事故致因理论
管理学理论基础
科学管理理论
组织管理理论
行为科学理论
安全管理学基本原理
系统原理
人本原理
强制原理
预防原理
责任原理
安全管理职能方法
安全计划管理
安全组织管理
安全领导管理
安全控制管理

参考文献

[1] 田水承，景国勋. 安全管理学［M］. 北京：机械工业出版社，2016.
[2] 吴穹. 安全管理学［M］. 北京：煤炭工业出版社，2016.
[3] 傅贵. 安全管理学——事故预防的行为控制方法［M］. 北京：科学出版社，2013.
[4] 邵辉，毕海普. 安全管理学［M］. 北京：中国石化出版社，2021.
[5] 金龙哲，汪澍. 安全学原理［M］. 北京：冶金工业出版社，2021.
[6] 陈金刚. 安全管理学［M］. 北京：机械工业出版社，2023.
[7] 齐黎明，朱建芳，张跃兵. 安全管理学［M］. 北京：煤炭工业出版社，2015.
[8] 黄典剑，李文庆. 现代事故应急管理［M］. 北京：冶金工业出版社，2009.
[9] 闪淳昌，薛澜. 应急管理概论：理论与实践［M］. 北京：高等教育出版社，2020.
[10] 马小明，田震，甄亮. 企业安全管理［M］. 北京：国防工业出版社，2007.
[11] 中国安全生产科学研究院. 安全生产管理［M］. 北京：应急管理出版社，2022.
[12] 全国中级注册安全工程师职业资格考试配套辅导用书编写组. 安全生产管理习题集［M］. 北京：应急管理出版社，2022.
[13] 吕淑然，车广杰. 安全生产事故调查与案例分析［M］. 北京：化学工业出版社，2020.
[14] GB/T 15499—1995，事故伤害损失工作日标准［S］.
[15] GB 6441—86，企业职工伤亡事故分类［S］.
[16] GB/T 45001：2020 idt ISO 45001：2018，职业健康安全管理体系　要求及适用指南［S］.
[17] GB/T 33000，企业安全生产标准化基本规范［S］.
[18] 傅贵，韩梦，贾琳，等. 事故致因理论及其发展综述［J］. 安全，2023，44（3）：1-8.